I 花也 Fiori

时尚 园艺 生活

花园生活精选辑2

花也编辑部 编

中国林业出版社

I 花也 Fiori 时尚 园艺 生活

花也编辑部 编
中国林业出版社

从薄荷开始的
香草园艺生活
快乐农妇与小木匠的山居花园生活
让你的花园与你说话

"花也"的名称来自于元代诗人许有壬写的"墙角黄葵都谢，开到玉簪花也。老子恰知秋，风露一庭清夜。潇洒、潇洒，高卧碧窗下！""花也"是花落花开，是田园庭院生活，更是一种潇洒种花的园艺意境，是对更自然美好生活的追求。

花也编辑部成立于 2014 年 9 月，其系列出版物《花也》旨在传播"亲近自然、回归本真"的生活态度。实用的文字、精美的图片、时尚的排版——它能唤起你与花花草草对话的欲望，修身养心，乐在其中。

《花也》每月还有免费的电子版供大家阅读，登陆百度云 @ 花也俱乐部可以获取。

花也俱乐部 QQ 群号：373467258
投稿信箱：783657476@qq.com

花也微博

花也微信

总 策 划 花也编辑部
主 编 玛格丽特－颜
副主编 小金子
撰稿及图片提供

广藿　王梓天　快乐农妇　@海蒂的花园
玛格丽特－颜　余天一　早安园艺　锈孩子
Sofia　@药草花园

美术编辑 张婷
封面图片 从薄荷开始的香草园艺生活
封面摄影 王梓天

图书在版编目 (CIP) 数据

花园生活精选辑 . 2 / 花也编辑部编 . −− 北京：中国林业出版社，2017.7
（花也系列）
ISBN 978−7−5038−9149−6
Ⅰ . ①花… Ⅱ . ①花… Ⅲ . ①花园－园林设计 Ⅳ . ① TU986.2
中国版本图书馆 CIP 数据核字 (2017) 第 152112 号

策划编辑 何增明　印芳
责任编辑 印芳

中国林业出版社 · 环境园林出版分社

出 版 中国林业出版社
　　　　　（ 100009 北京西城区刘海胡同 7 号 ）
电 话 010−83143565
发 行 中国林业出版社
印 刷 北京雅昌艺术印刷有限公司
版 次 2017 年 8 月第 1 版
印 次 2017 年 8 月第 1 次
开 本 889 毫米 × 1194 毫米 1/16
印 张 7
字 数 250 千字
定 价 48.00 元

花草是治愈心灵的秘方

　　这些年，"抑郁症"渐渐被大家熟悉和关注。在阳光下的我们或许很难理解他们的痛苦：对自我的否定、对人生的绝望，所有的生活都成了灰色，再也找不到快乐的存在，最终导致行为上的自我封闭，到最后的自残、自杀。这个世界形形色色、纷纷扰扰，总是存在着各样的苦恼和忧伤吧，大多数人都会积极面对，好好活着，也有些人不知不觉就陷了下去，再也走不出来。

　　英国BBC园艺主持人Monty Don是幸运的，在饱受了多年抑郁症的痛苦后，他回到了母亲留下的老房子，开始整理花园，在花草中渐渐地恢复了健康，甚至开启了新的事业。园艺作家王梓天也经历了抑郁症的痛苦，他说："整个中学时期如同噩梦一般，任何一件小事都会让人有自杀的念头，直到后来爱上了园艺，才知道有一件自己喜欢的事情是多么幸福的体验，它可以消除一切阴霾。"

　　不约而同地，他们都是因为接触了园艺，在花草中找到了治愈的方法。花草植物有不同的形状、美丽的色彩，有诱人的香味，会带来美味的果实。我们通过视觉、听觉、嗅觉、味觉和触觉这五感，去体会植物给我们带来的美好感受。换一种古人的说法，就是人有六根：眼、耳、鼻、舌、身、意，对应六触：色、声、香、味、触、法。多接触美好的事物，去体会和感受，会让我们有更大的勇气生活下去。而阳光下种花种草、浇水修剪，那些园艺的劳作，也会让身体更加健康。

　　我想，我们这些喜欢花草园艺的人都是幸运的，园艺不止是园艺，它更是一种生活方式，让我们的生活更加健康美好。也真心希望这份幸运可以分享给更多的人，大家一起来推广园艺和园艺疗法，让园艺可以帮助到更多的人，驱走抑郁。

玛格丽特一颖

花也 I Fiori

时尚 园艺 生活

Contents

56 似有浓妆出绛纱
分明见茶花

82 葫芦科家族
不管在东西南北，都逃不掉被吃的命运

90 早安小意达荷花别样美

98 浓天淡久：植·物系列

让你的花园替你说话

图、文／广藿

花园主人：广霍
花园面积：800 平方米
花园地点：北京郊区

木制的拱门上盛开着蔷薇"七姐妹"，而砾石路是我一直喜欢的，也是欧式花园重要的点睛要素

　　大约 6 年前，我拥有了自己的花园，在北京郊区，大约 800 平方米，那时私家景观设计师还不太普及，干脆就自己设计了。花园是一面镜子，忠实反映着主人的性格、学识和审美情趣。我更喜欢开阔的、秩序感的、对比强烈的美，喜欢梵高远胜于八大山人，喜欢巴赫远胜于肖邦，就花园风格而言，也是意大利和法国宏伟的古典式花园最能打动我，虽然限于条件不能将其完全复制，但它们的风格深深影响了我在花园营造中的选择。

　　造园过程中我也犯过很多错误——曾经以为铺好道路，有了假山、池塘、藤架这些基本要素，其余位置只要随心所欲种上喜欢的植物就好。事实却远没有这样简单，如果不把花境化整为零，到了北京多雨的夏季，所有美丽的植物都会疯长起来，毫不客气地彼此倾轧，而酷热的天气和可怕的蚊虫让你根本不

可能走进草丛去照顾它们，只能眼睁睁看着它们倒伏得一塌糊涂，在秋天还没到来前就变成一片荒草。而那些可供行走的汀步石，早在 6 月就找不到它们的影子了。

　　于是我用了一冬天的时间设计、画图、选材料，在第二年春天把花园进行了大刀阔斧的二次改造。很多国外花园书里会提供设计案例，多买几本，选择和自家花园条件相近，和自己喜欢的风格吻合的，照猫画虎就好。工人拉来附近拆迁留下的一车旧红砖，铺设了高低错落的长方形花池和一座平台。砾石路是我一直喜欢的，也是欧式花园重要的点睛要素。听很多人抱怨过，砾石路不适合北京，用不了几年就会被灰尘和杂草湮没。其实，只要铺上一块地布，再盖上有足够厚度的石子，就能很好地防止杂草。

每年的 5 月底，是花园最美的季节，长势旺盛的藤月几乎要把 2 米高的方尖碑完全吞没

月季园里所有的构筑物一律使用白色，全力衬托花朵的绚烂

木凉亭的造型来自波士顿的一座花园

　　园子的西北角紧靠菜园，面积大约有 100 多平方米，原是一块低洼地，杂草丛生，我把它改造成了一直想要的月季园。构筑物一律使用白色，全力衬托花朵的绚烂。木凉亭、铁艺拱门、花架都是定做的，其中木凉亭的造型来自波士顿的一座花园。

　　月季园中的白色石子路在铺设前经过了审慎的考虑，毕竟北京风大土大，白色的路面并不是最适宜。最终的方案舍弃了地布，底部直接用水泥硬化，两边用红砖紧密排列做成围边以利排水，然后在沟槽内铺满白石子，再在上面放置汀步石，白石子大约每 5 年铲出来清洗一次即可。即使是无花的季节，白色道路与白色凉亭、白色拱门、白色花架，也能构成花园中最醒目的焦点，尤其是在阴暗的天色或是月光下，仿佛大雪铺地一般皎洁浪漫。

　　月季园北边的狭长后院，第一年是一片野花草地，夏季绚烂的时候真的很美，但同样会遇到倒伏的问题。于是转过年来，我在这里铺上了地布，再铺上厚重的大号渗水砖，留出位置建了 3 座木制方尖碑，每座方尖碑爬一棵月季、一棵铁线莲，以此和月季园中的花朵形成呼应，使月季园的存在不至于太突兀。如今不到两年工夫，长势旺盛的藤本月季几乎要把 2 米高的方尖碑完全吞没，每年 5 月底也成了我家花园最美的季节。

北京冬天的酷寒与碱性土壤种不了那些五彩斑斓的绣球和杜鹃，但是牡丹、芍药、月季……这些美丽的植物偏偏要经过严冬的洗礼才会开得更艳

另一个曾经令人头疼的角落是园子西南角的小山，中国人造园总喜欢有山有水，这座小山紧靠荷花池，近水的一侧叠了山石，做了瀑布，相当漂亮，可背面只是用黄土简单地垒高，很快就长满荒草。两年后终于下决心把这里改造成岩石园。中国传统花园里没有什么岩石园，只有假山。假山寸草不生，岩石园的主要目的却是为那些低矮美丽的高山植物提供生长空间。所以施工前一定要和师傅沟通好，简单一句话——要土包石，不要石包土。工人们运来两大车山石，还动用了吊车，土山总算变成了石山。我在石缝中种植了薰衣草、美国薄荷、绣线菊、玫瑰、卫矛、花叶草芦……主角则是各种景天。第二年又在山顶建了一座小凉亭，顶上爬一棵亭亭如盖的紫藤。现在，曾经棘手的荒山反而成了园中最整洁、最好打理的一角，在凉亭下挂一只大号铜管风铃，风起处，花园中便回荡起欧洲小城的教堂钟声。

说到花园控们最喜欢谈论的植物种植问题，借用已故香港时尚评论家黎坚惠的名言——"购物的最大诱惑，是本地无"。具体到花园中，常见东北园主闹着要种三角梅，广东园主闹着要种海棠树。不是不能成功，但往往要付出十倍的精力与财力。不说别人，我也曾无数次在园中试种鲁冰花、香豌豆、法国薰衣草……可那些在国外花园中开得如梦如幻的家伙到了我的花园里，轻则水土不服，重则一命归西，甚至根本就发不了芽。

痛定思痛，什么是最好的？适合的才是最好的！北京冬天的酷寒与碱性土壤种不了那些五彩斑斓的绣球和杜鹃，但是牡丹、芍药、月季……这些美丽的植物偏偏要经过严冬的洗礼才会开得更艳呀。

如果实在放不下某种花园情结，你也可以寻找相似的替代物。比如草坪，一片如茵的绿草确实会为欧式花园"提气"，但对北京的家庭花园来说，完美草坪不易得。首先，草皮造价相当可观；其次，草坪需水量非常大；再次，草坪一周起码要修剪一次，特别是在夏天——对蚊子来说这里真是个世外桃源。

其实，匍匐福禄考、垂盆草、穿心莲、佛甲草、匍匐百里香……以上这些植物都可以替代草坪，并能在北京成功越冬。特别是匍匐福禄考，它极耐寒、耐旱，可以有效覆盖地面，控制杂草。一年有9个月观赏期，每年春天能开成一片壮观的绣花针垫。只是有一点必须提醒一下，这些草坪替代物有个共同的特点——不能踩！

春天的紫藤，秋天的蒲苇和枫叶，构筑了北方花园色彩斑斓的四季

即使是无花的季节，白色道路与白色凉亭、白色拱门、白色花架，也能构成花园中最醒目的焦点，尤其是在阴暗的天色或是月光下，仿佛大雪铺地一般皎洁浪漫

蔷薇花落，纯白的宿根鼠尾草"雪山"成为我家那棵巨大的紫色铁线莲"波兰精神"完美的前景

再说薰衣草。人人都爱薰衣草，但能够适应北京气候的薰衣草品种太少，很难种出照片中的"普罗旺斯效果"。与其年年栽种，年年伤心，你不如改种同样有直立蓝紫色花穗的荆芥、藿香、婆婆纳、分药花或者鼠尾草。

这其中在北京表现最好的就是鼠尾草，嫌年年种植太麻烦就选择宿根鼠尾，坚持花后修剪，一年能开四五茬，它的株形和颜色与薰衣草最为接近。为了得到轻盈浪漫的效果，我在花园的中心位置造了一片蓝白色花境，宿根鼠尾草'蓝山'、'雪山'和'五月夜'是其中的骨干植物。每年5月，它们与浅粉色的蔷薇，丝绒质感的猩红色藤月'福斯塔夫'同时达到盛花期，是整座花园最具梦幻色彩的一角；蔷薇花落，纯白的'雪山'又成为我家那棵巨大的紫色铁线莲'波兰精神'完美的前景；一直到仲秋时节，星星点点的鼠尾草还可以与盛开的紫菀和邱园蓝莸形成呼应……无论主角是谁，蓬勃的鼠尾草永远是蓝白花境中最忠实、最出色的配角。

如果说6年花园生活让我悟出了什么道理，那便是一句话——与大自然合作而非对抗，你便能收获最美的结果。

从薄荷开始的
香草园艺生活

图、文／**王梓天**

我以前其实是一个非常容易急躁的人，通过这些年的园艺生活，植物让我变得沉静。我也会经常同我的植物说话，要知道，万物皆有灵，你如何对它，它便如何对你。

——王梓天

偏爱香草，它们新鲜的叶片可以用作西餐的香料，也可以做香草茶和护肤品

从一盆薄荷开始

人生就是这么奇怪，我与花草的缘分竟然是从一棵薄荷开始。

整个中学时期，因为学习和各方面的压力，痛苦一直伴随着我，像是噩梦一般摆脱不了，任何一件小事都会让人有自杀的念头。现在才知道，那是抑郁症。曾经一次服药自杀，不知道是过期了还是怎么的，只是导致了高烧，送到医院去了两天又活过来了。到了高三，为了舒缓压力，我开始试着养一些植物。我买的第一份种子是薄荷，薄荷是射手座的守护香草，其实我是一个不太信星座的人，冥冥之中却在那么多种子里选择了薄荷。从那盆薄荷开始，我的人生彻底改变，也开启了我的园艺之旅。

或许园艺的种子在更早之前就已种下，小时候只是调皮，喜欢植物，比如和同学一起去偷别人家的樱桃，拿竹竿打枣儿，看到别人种的小葫芦特别可爱，偷偷地摘回家……当然每次被家人发现，总是免不了被训斥，却依然故我，看到花儿草儿的忍不住就想着去多看一眼，去摸一下，想着是否可以拥有。

从种植第一棵薄荷开始，我渐渐地喜欢上了自己种花，别人家的花开得再好，却比不上自己养护的那份感情。因为种花，我也变得越来越平和安静，慢慢地身心放松，曾经死缠了我很久的抑郁症，竟然不知不觉地离开了。后来种了更多的香草，也去研究香草的用途和做法，或许香草的疗愈也起了很关键的作用。

园子里种植的各种花草，可以为餐桌上提供美丽的鲜切花

传递美好的种子

我喜欢更自然的生活状态，毕业后，我开了自己的钢琴培训班，时间很自由，收入也不低，还有更多的闲暇时间在家赏花弄草。学生们都特别喜欢到我这里来上课，我会带孩子们看美丽的花儿，讲植物的故事；成年人会在课间一起品香草茶，闻玫瑰花香，吃用薰衣草制作的饼干，到了夏天还有花草冰激凌和布丁。归根到底还是因为我不是一个墨守成规的人，也不喜欢一板一眼的教学方式，任何事情，让人产生兴趣这才是厉害之处。所以我的钢琴课常常变成烘焙课或历史课，最后又坐在一起喝茶聊天。更开心的是，在我的影响下，大家也都觉得园艺的生活很美好，我会送一些种子或小苗给他们，那份挽救了我的薄荷

和更多的花草，也渐渐地传递出去。那是一种温暖的力量，因为花儿的美好。

有一件自己喜欢的事情是一件多么幸福的体验，它可以消除一切阴霾。现在想来幸亏当初没死成，不然再也遇不到这些美丽的花儿了。

最开始的时候，我在自家的院子里种花，看了很多国外的园艺书籍，想着如何把院子打造成图片上的那种小花园，买了很多的植物和园艺资材一试身手。当然最开始的时候还是有些没有章法，家里到处都是盆盆罐罐，卫生间的泥土永远弄不干净。家父说：人家种花是美化家居的，你种花养草却把家里弄得乱七八糟的是怎么回事？很快，他们不吭声了，因为随着我养花经验和技术的积累，院子变得越来越美，当然每次种花之后收拾干净残局也是必须的。

我会和我的植物们说话，你对它的期许、对它的憧憬，都
会被感知到。你如何对待你的植物，它们也会如何对待你

梦想更自由的空间

　　然而，随着时间的推移，这个小院已经不能满足我的种花需求和对花园的渴望了。在市中心的家，越来越感觉被捆住了手脚，我向往可以更自然的生活，和植物们一起。有一块地，可以种上各种蔬菜和花草，自给自足。

　　所有的事情并不是突然就会发生，很多事情当我们在幻想的时候其实就已经在心里埋上了一颗种子，然后等待合适的时机萌发。我不敢说所有梦想的种子都会绽放出美丽的花朵，但是我足够幸运，当然这般"幸运"也来自于我破釜沉舟的勇气。

只为心活

我毅然放弃了音乐方面工作，在城郊的乡村森林，找到了属于自己的地方，彻底搬出了家，过起了"只为心活"的生活。当然，装修布置、开垦土地、种植花草，过程是辛苦的。经过简单的改造和布置，我心目中的花园生活渐渐有了样子，在旧货市场花了 40 元买来几块木板，用人家不要的楼梯栏杆做成了一张木桌，也就是我的工作台，大部分的美食拍摄都是在这里完成的。花园和菜地也都更加丰富起来，种上了我喜欢的香草，它们为我提供新鲜的叶片和西餐的香料，还有香草茶和护肤品；还有蔬菜，它们为我的餐桌贡献着有机的食物，并且有着很多市面上见不到的品种；当然花境也是重要的，它们为我家提供四季的切花插花，当然我也会采摘些野花野草，自然的才是最美的。

园艺让我更好地懂得生活，享受和珍惜生活

现在每天的生活就是打理植物，制作美食、拍照，当然我还继续练琴、写作。我会和我的植物们说话，学习灵修的时候，说到"观察者影响被观察者"，你是如何对待你的植物，它们也会如何对待你。我们的能量是能够被植物所感知到的，你对它的期许，对它的憧憬，都会被感知到。

曾经羡慕陶渊明，采菊东篱下的悠然；也羡慕塔莎奶奶的安静平和，过自己的生活，于天地自然之间。而现在，我更想做自己，因为我拥有了现在这块天地，种上植物，过上了梦想中的园艺生活。而园艺也让我更好地懂得生活、享受生活和珍惜生活。早晨采下新鲜的香草泡上一杯香草茶，每天喝具有不同功效的香草；吃的蔬菜都是自己种的，而晚餐中所使用的香料也都来自花园：迷迭香烤羊排、百里香烤鸡、罗勒意面，这些平时只有在西餐厅吃到的美味在自家都可以制作了；使用的是自己做的植物护肤品，晚上用洋甘菊来蒸脸或者做一个天然植物 spa 获得身心的放松。生活的种种都是最天然的东西，不仅心情愉悦，皮肤也变得很好。也希望通过分享，让更多的人感受园艺的美好和快乐。

生活总是会有各种的烦恼和痛苦，然而，只要你有心，一样可以通过种植获得一个愉悦的心情，通过布置打造自己的花园来营造一个属于自己的自然天地。这个花园不一定非要多大的场地，即便只是一方小小的阳台或者是一个飘窗，都可以开启你的园艺生活。或许，我们就从种一盆薄荷开始。

我更想做我自己，因为拥有了现在这个天地，种上植物，过上了梦想中的田园生活。每天摘下新鲜的蔬菜和香草，做属于自然的晚餐，感受园艺的美好和快乐

"快乐农妇"与"小木匠"
的山居花园生活

图、文 / 快乐农妇

山居花园生活，不仅激发了人的潜力和动手能力，成就了今天的"小木匠"老公和我们美丽的花园；同时也能激发人的活力和兴趣爱好，使生活的内容更加宽泛更加丰富多彩，以前看不到眼里的旧物、枯枝现在都成了宝贝且能用得恰到好处，如今我们与大自然相处的方式早已发生了根本的改变，而不仅仅是改变了我们自身的生活方式。

花园主人：快乐农妇
花园面积：700 平方米
花园地点：河北石家庄

我的蔬菜花园，有幸获得《美好家园》杂志主办的有机花园奖

有了院子开始种树

我们的山居花园生活始于 2007 年，是从有了一处 700 多平方米山上的院子开始的。不过刚开始只是一座布满裸露石块、中间有个空空大房子和几棵大槐树的上下两层大院子，怎么建造花园脑子里根本没有任何概念，也几乎没有任何可借鉴的经验，一切完全按照自己的想象去做，这也导致之后几年我们一直处于花园建设过程中。

由于山居远离市区，只有周末我们才有时间打理院子，尽管如此我们还是因为有了院子而欣喜万分，并自此拉开周末山居生活的大幕，那时候根本没想到山里这处院子会完全改变我们的生活。

有了院子，自然首先想到的是种树、种菜和种花。为了种树，我们跑遍了周围可以找到树的所有地方，把所有同学都动员起来为我们找树。最好是大树种下就可以结果。山居的头几年我们几乎把北方所有能种的花果树都栽种到我家院子里，其中有 9 棵柿子树、3 棵桃树、3 棵黄金梨、2 棵苹果树、2 棵樱桃树、1 棵红果树、6 棵石榴树、8 棵枣树、4 棵杏树、几十棵核桃（主要种在院前的山坡上）、6 棵香椿、二十几棵葡萄、10 棵树莓、1 棵玉兰、1 棵榆叶梅、2 棵樱花。明眼人一看便知 1 亩的院子怎么可以种这么多树呢，是的，两三年后我们就开始伐树。先是把地中间的几棵大桃树伐掉，因为它太影响种菜，后来随着柿子树越长越大，也不断砍伐，直到五六年以后院子里的树才疏密有度，我们也过上了差不多半年不间断有果吃的幸福生活。

种菜相对简单，产量非常高，常常吃不完，可以调整菜地的种植结构，实行多品种少量种植

种花和种菜两不误

种菜相对要简单一些。我们从自己最爱吃也比较好种的西红柿开始，头一年种了两畦西红柿，想不到它的产量极其高，每周上山都可以摘两大盆西红柿，足够几家一周的食用量，后来慢慢才知道调整蔬菜种植结构，实行多品种少量种植，也才有意识建造蔬菜花园，并很荣幸获得《美好家园》杂志主办的有机花园奖。

种花跟种树、种菜相比要困难得多，建一个美丽的花园更难。因为那时候中国的家庭园艺才刚刚起步，只有种花的概念还没有园艺的理念。卖花苗的很少，更没有网购花苗的店铺，园艺方面的书也非常少，好在后来找到藏花阁等养花论坛开始学习。之后是到处找花苗，曾驱车百里拉了满满一车花，但种到大院子里跟没种差不多；后来开始撒播花种，有一年蔡丸子拍的我家野花组合甚至还登上《时尚家居》杂志；再后来慢慢了解了各种花的习性、株高、花期、花色等特性，也才开始进行植物搭配。种花的同时，我们两个也在不断进行花园的硬件建设：我们从周围找来石头自己铺园路，小木匠自己搭建竹凉亭，自己制作木栅栏，自己搭建花架等等。终于在六七年后，一座上下两层、分工合理的美丽花园从我俩手中诞生。

我们的庭院变成了"百花园"和"百果园"，还吃上了有机蔬菜

山下的村民经常戏称我们是"劳动改造"，在他们眼里，我们放着他们向往的好好的城里的日子不过，跑到山里来，不是来找罪受、来劳动改造又是什么。他们不知道，我们非常享受"劳动改造"的过程和结果。因为通过"劳动改造"，我们的庭院变成了"百果园"和"百花园"，我们和他们一样吃上了有机蔬菜；更主要的是，通过"劳动改造"锻炼了身体，享受到了城里所没有的清新、安静的自然环境。

2014 年，我们开始了又一个小花园的建设，有了之前的经验，只用一年时间，花园便初有成效

爱上山居生活

那几年，总是四处找树苗找花苗，一旦得到了，因为担心种植太晚会影响它们的成活率，不管什么时候都是很快便上山去栽种，很多时候是我一人驾车往山里的家走。独自驾车走在车量稀少翻山越岭的山路上时，心里倒没有一点害怕，反倒满心欢喜，去的时候一路走一路想着要把这些花种在什么地方，回来的时候便想着花开的样子。

除了冬天以外的几乎每个周末我们都是在山上度过，每到周五下班后都是兴冲冲地上山，好像去赴一场约会，晚上到家后，无一例外要做的第一件事就是把包扔到院子里，先上下视察一遍我们种下的瓜果蔬菜，春天的时候，我们

经常是把树皮用指甲抠开一点点看看是不是绿色的，如果是，说明它们是活着的。春天之后，每一次上山都是满满的惊喜。

浇水、移栽、修整院子，是那几年一成不变的山居花园生活内容，奇怪的是从来没有厌烦的时候。并且自从做了农妇以后，对周围景色变得敏感起来，开始关注起周围的花花草草，经常是一边欣赏着周围景色的变化，一边想着有哪些美景可以复制到我们山上的家里。生活变得异常充实，人也变得简单了。每个周末都有干不完的活，没有时间忧愁和烦恼，以前周末和朋友的推杯换盏也没有了，心变得更加平静。

而老公之所以成为今天的小木匠，也是从我们的山居生活开始的。最早是

花园的建设，在不断地完善中，种上自己喜欢的植物，想象花开的美丽

看到邻居二哥自己安装楼梯，他说："我也可以做吧。"一试，果然在他的能力范围内。只是想不到从此一发不可收。先是做了一个吃饭的大桌子、四把椅子，后来搭建了我们山居大院的标志性建筑——竹凉亭，再后来开始试着做大衣柜、床、床头柜、五斗橱、门厅柜等等，好像也没有任何难度，一次次让我对他刮目相看。

以前的大院子虽然在我们手里已经变成了百花园、百果园，但因为远离市区，只能过周末山居生活，而花园生活的实践已经让我们深深体会到一周只能在花园里生活两天的种种不便利和不满足。于是，2014年，我们开始了又一个小花园的建设。这一次的花园建设因为积累了几年的建设经验，只用了一年时间便

初见成效。

而小木匠则因为那几年的木工积累已经可以在这边山居空空的大房子里施展自己的抱负和才华——所有的家具他都要自己来做。不到两年的时间，他自己做了楼梯、橱柜、大桌子、长条桌、沙发、多功能电视柜、吊灯、7扇门和所有的门套、无数窗套、3张大床、4个床头柜、3个浴室柜、4个门厅柜、封阳台、装饰衣帽间，以及室外木门、木栅栏、木地台等等。他再次地刷新了我对这个一起生活了几十年的人的看法，把我认为他不可能完成的楼梯、沙发、封阳台等等都做出来了，并且一点不比买来的差，甚至更环保、更实用，而他所做的这一切都是在周末和下班后的所有业余时间里。

周末和下班的时候，老公变成了"小木匠"

"金三胖"和"小雪"两只金毛犬的到来，为我们的山居生活增添了许多乐趣

"金三胖"和"小雪"

　　山居花园生活当然不能没有汪星人。有了天天生活的山居便有了饲养汪星人的条件，"金三胖"和"小雪"两个金毛犬先后来到我家，虽然饲养管理它们比较麻烦，但是它们还是为我们的生活增添了很多欢乐，从进到我们家门的第一天起它们也就成为了我们的家庭成员。

　　山居花园生活，不仅激发了人的潜力和动手能力，成就了我们美丽的花园和今天的"小木匠"；同时也能激发人的活力和兴趣爱好，使生活的内容更加宽泛更加丰富多彩，以前看不到眼里的旧物、枯枝，现在都成了宝贝且能用得恰到好处。如今我们与大自然相处的方式早已发生了根本的改变，而不仅仅是改变了我们自身的生活方式。

种花跟种菜、种树相比要困难得多，而建一个美丽的花园则更难。山居花园生活在花落花开间变得充实

享受四季的清凉
我有一座白园

图／玛格丽特－颜　文／@ 海蒂的花园

海妈特别喜欢白色，特地在海蒂的花园中心，匀出一块 100
平方米的地来造了一座花园，我叫它"白园"；她种下各式
各样的白色的花，中间一块草坪，效果出奇的好，这是一个
能让人安静下来的花园。

在花园里成长的孩子是幸福的，我会把花儿摘下来给她们做玩具，给她们闻茉莉花的清香

白园最初的由来

　　之前这块 10 米 × 10 米共 100 平方米的地方种的主要是果树，后来我在看《花园视觉隔断设计》这本书时，有一面断壁残垣，蓝色的旧墙，让我欣喜万分，顿时有了灵感。我进入那个画面，开始重新设计这一处果园，砌类似的矮墙，并用白色的植物作为主色调。大多数国内的花园都不太爱用白色，很多业主会说白色不好、不吉利！于是乎花园真的是各种红的天下。但是一个美丽的花园是不能缺少白色的，比如画油画，用得最多的还是白色吧，我试过丙烯，如果没有白色，全是一堆一块厚重的色彩，饱和度过高，视觉太疲了，必须使用白色提高明度或降低饱和度，才能造就一幅画。花园也是这样，广义上来说，绿色也是一种留白，花园中的一块平坦的草地，它可以让人的眼睛有舒服的去处。

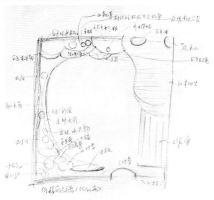

花园的建设

果树全移去了农庄，重新翻土，加入了大量泥炭改良土壤。我们买了几千块旧砖，有我爸这个万能匠人，很快就按着书上的创意砌起来了墙，高低错落，非常有味道。木门是从旧料市场收的，我用刷油画的方法，刷了各种过渡蓝。墙上也是，我用防水涂料加了三原色的色精，每一刷子都是不同的色彩。波浪型的地台是用旧模板拼的，上面摆放了一口老石缸子，我倒入了一整包的泥炭，再种上白色的湿生鸢尾，注满水后，又放了六尾小红鱼。半个月后，水就清清亮亮的了。2015 年冬天，成都的气温降到了 –6℃，水面结起厚厚的冰，透过冰层，我还看到小红鱼在游来游去，鱼儿我是不投食的，蚊子们的幼虫就足够它们饱腹了。

靠着墙角，我种下了一株 8 年的藤冰山，那株是我最早开始种花时曾种在楼顶花园的，在 4 月下旬和随后的整个春天都会大量绽放白色的花朵。无尽夏'新娘'种在乔木白绣球下面，它还有白色的百子莲和白色的全缘铁线莲当邻居……这个花园基本只种白色的花，我喜欢白色的花，我尽可能地收集然后种下来。

按着书上的创意，很块墙就砌起来了，高低错落，非常有味道

白园的春夏秋冬

2月的春节期间一株白色的茶花会开成花树；接下来的3月喷雪花有着等不急了的刹那芳华；喷雪花的表演还没有结束，洋水仙又登场了。还有一直从冬天开始的白色虞美人，不要问我虞美人哪有白色的啊，我是从几百株混色里面挑出了几十株；4月开始，草地返绿，月季在孕蕾，而那株巨大的木绣球开始盛装表演了，数百个花球从绿开始，慢慢变白，从而5厘米开始膨大到30厘米的一团，古时候抛绣球，就是那个模样了吧。花期是短暂的，没过二十天，一场风，一场雨，就可以站在树下享受花瓣雨了。

4月20号左右，以白色的'格拉米思城堡'为首的白色玫瑰花开了，夹杂着茉莉花的香味把整个春天带到极致；5月到来，无尽夏'新娘'开始了，这个长情的家伙，从开始就不会停下来，从淡淡的绿白到淡粉到白、到复古的绿红，各种色彩伴着时光夹杂在一起表演；到了6月，她又会有新的花苞出来，持续着新的花期；而这个时候虞美人洋水仙都谢幕了，我又种上了白色的波丝菊、香彩雀、凤仙花、禾叶大戟，为了维持全年的效果，花园须得有10%左右的季节性花卉。这时候宿根观赏草类长得越发茂盛了，玫瑰花枝越来越长，是时候在6月修剪了，草坪也需要及时修剪，随时拔除杂草，剪去残花，加以控制的花园会更加干净整洁，才能展现花园最美好的一面。

7月到来，花园到了最受考验的时候，高温高湿、病虫害都到达巅峰，一切都那么乱糟糟的，蚊虫更是让人心烦，别担心，做好适当的防护工作，早晚凉爽的时候在花园里劳作。这个时期2株圆锥绣球就开始唱歌了，是的，排好队，每个花每个草都有表演的机会，硕大的冰淇淋状的花朵，没有人不喜欢。这个季节雨水很多，花朵淋了雨容易倒伏，我们用细竹子给它支撑起来，圆锥绣球花期很长，维持得好可以到9、10月，即便干了，挂在枝头都别有情趣。到了8月，花园里很热，修剪整齐的草地在早上会吸饱露水，变得很润，'新娘'新的花苞越来越大，玫瑰花尽管不标准，但还是在开，观赏草细叶芒和芒晨光开始抽出花序来迎接秋天。我们在玫瑰花最好的时候，会有一些活动，今年在白园里办了烧烤派对；去年在白园里办了卤肉派对和故事派对；我们全家人和花友们一起吃吃喝喝聊聊，而女儿海蒂最喜欢拍照，只要有人用相机对着她，她就开始摆起造型来。

9月的花园，绣球有了新一轮的表演，尽管不及春天的华丽，但有花开，大家总归是开心的。进入秋天之后，天明显变高了，我喜欢逆光看观赏草的花序，毛毛的，有明显的边，边上镀上金光；在成都的10月并不冷，人舒服花也舒服，茉莉花从春天一直开到10月，每次经过我会摘几朵，给孩子们闻着玩儿。有设计师说，我们的孩子一生下来就连用的勺子都得是艺术品。我这一天到晚把花朵当成玩具给孩子们，长大了会不会也有很好的审美呢？玫瑰花在10月也很出色，庭院品种有些甚至开得比春天还美。11月成都才进入秋天，开始有了凉意，而绣球还不会黄叶子，花儿还都开得很好，即使到了1月霜冻后绣球的叶子掉光，绣球花还依然在枝头，阳光下的色彩特别迷人。

从12月到次年2月，才算是冬天，这个短暂的冬季，打霜是让人兴奋的，尽管会冻死一些植物，我会叫起孩子们来看霜花儿，像雪花一样的，让她们踩在冻硬的地上听嘎嘎的响。清晨的霜花下在玫瑰花上，更有一种珍贵的美感。

这个花园，基本只种白色的花，我喜欢白色的花，尽可能收集到，然后种下来

绣球的种植贴士

绣球是既耐阴又喜光的植物，所以种在半日照通风好的地方较为理想。

盆栽地栽皆可，盆栽注意每一年换盆，或是不换盆换一部分介质，地栽我们在冬季会做一次覆根，保持肥力。

绣球对于土壤的酸碱度敏感，也对下的雨水敏感，我们同样种在田埂上的无尽夏，春天全粉，秋天全蓝，那是因为整个夏天都下微酸雨的缘故。

绣球喜欢肥，我们在生长旺盛期的春秋都是每周给一次水溶性肥。

养好的绣球基本上没有什么病虫害，但注意不要种太密，绣球生长很快，要不停地把细弱的枝条剪至根部。除了'无尽夏'，其他品种尽量不要重剪，重剪会影响来年的开花。

绣球在盛夏要给足水，特别是盆栽，它就是一台抽水机。再也没有比绣球更好种的花了！

园丁新手之
夏天除虫忙

图、文／玛格丽特－颜

种花种草最痛苦的莫过于各种病虫害了，尤其是进入夏季，天气炎热闷湿，虫子们也进入了最疯狂的活动期。园子里的花儿们就有些惨兮兮了。一起来除虫吧！

蛞蝓

被蜗牛啃食后的铁线莲

一、蛞蝓和蜗牛

蛞蝓，俗称鼻涕虫，主要是夜里或者下雨的天气出来活动，会吃植物的茎、叶、花、果，还有根。特别喜欢新长出来的嫩叶、嫩芽，还有盛开的花朵，吃完后还留下一条条透明的黏液。还有蜗牛，长着两只长长的触角，背着硬硬的壳，一步一步往上爬，好可爱！NO，觉得蜗牛可爱的一定不是园丁。蜗牛和蛞蝓一样，吃叶子吃花，食量非常大，一条条细细的黑色的粪便是它啃食花草后的战绩。它比蛞蝓更有一个优势：背上的壳。太阳出来的时候，即便找不到阴暗的角落，还可以安全地躲到壳里。

蜗牛

处理方法

人工捕捉：在雨天或清晨、傍晚它们出来活动的时候，很容易发现。白天蛞蝓和蜗牛则经常躲在花盆底下或茂密的植物根部，总之最阴暗的角落，可以根据这些习性捕捉。

诱捕：可以用一个小容器，装些啤酒，夜里放在它们经常出没的地方。闻到香味的蛞蝓、蜗牛和螺类，就会爬进来，掉到啤酒里淹死了。注意用浅口的盘子，可以在周围摆放些枯枝败叶，方便蜗牛等爬上去（同样的方法放红酒，诱捕蚊子的效果很好）。

抓住蛞蝓和蜗牛后，切记不要直接踩碎，嘎吱的声音虽然很解恨，可是踩死一只蜗牛，会有许许多多的虫卵留在花园里，很快就孵化，长出一堆小蜗牛来。

蛞蝓可以撒盐处理，蜗牛建议用塑料袋扎紧或空塑料瓶装起来，丢到垃圾桶。

如果园子里蜗牛或蛞蝓数量太多，捉也捉不完，而花草们

被啃得七零八落，花容失色，可以使用市场上专门杀蜗牛的药，撒在地面或花盆表面，蜗牛爬过后就中毒脱水身亡了。不过药性太强，对土壤也有危害，且不容易分解。另外千万注意家中的小朋友，不要用手去捏花花绿绿的小药粒，有毒！

还有很多尖屁股的螺类不如蜗牛、蛞蝓常见，也不容易发现，它们吃花吃叶更会吃植物的根系，处理方法和蜗牛相同。

被蚜虫侵害过的植物，生长会受到影响

二、蚜虫

也称为腻虫、蜜虫。蚜虫的烦恼从春天就开始了，到了夏天还是依旧存在，它们密集在新发的嫩芽上，贪婪地吸食着植物的汁液，把自己吃得通体绿或红得透明。被蚜虫侵害过的植物生长会受到影响，叶子发黄、卷曲、发育不良，严重的情况下会枯萎死亡。实在忍不住，会用手去捏，可以听到汁水崩裂的声音，很解恨。其实蚜虫的身体相当柔软脆弱，对于天气或者病毒几乎没有抵御能力。它也是很多昆虫的美食，谁让它长得那么鲜嫩可口、肥美多汁呢。但蚜虫有着独特的生存之道：超能繁殖。蚜虫是繁殖能力最强的昆虫了，一年能繁殖 10 ~ 30 个世代。可怕的是雌性蚜虫一生下来就能够生育，而且不需要雄性就可以怀孕，太可怕了！所以蚜虫极其容易泛滥。

处理方法

打蚜虫的药市面上有很多，连着喷几次效果也很明显。不过还是推荐些不打药的方法。

用烟头或洗衣粉泡水，最好是用毛笔蘸着刷洗虫害枝条。不要喷洒，不然含碱的水漏进土里会污染土壤（连续多次刷洗，会减轻蚜虫泛滥）。

蚜虫有不少天敌，比如瓢虫、食蚜蝇、寄生蜂等，维护花园的生态环境，减少打药，会吸引更多的益虫在花园里共生，也自然减少蚜虫的危害性。还有蚂蚁，会像养羊一样把蚜虫搬到窝里，吃蚜虫分泌的蜜；所以蚜虫还有个英文名叫 antcow。

蚜虫的天敌七星瓢虫

红蜘蛛吸食叶片的汁液，使叶绿素受到破坏

三、红蜘蛛

学名"叶螨"，不是蜘蛛哦。因为它会在植物的叶片背面吐丝结网，所以也被叫做红蜘蛛。红蜘蛛的个头非常小，不到1毫米，圆形或卵圆形，橘黄色或红褐色，特别不容易发现，它吸食叶片的汁液，使叶绿素受到破坏，叶片脱落或影响植物生长。

红蜘蛛喜欢高温和干燥的环境，所以一到夏天，红蜘蛛就很容易泛滥，它还会随着风到处游走，除了铁线莲，花园里多数的植物都会受到影响。等看到叶子上灰黄色麻麻点点的时候，往往植物已经受害严重了。

处理方法

干燥的季节在空气中喷雾，增加湿度可以预防或减少红蜘蛛的生长。

如果发现得早，只是个别叶片受害，可摘除虫叶。

较多叶片发生时，应及早喷药，克螨特、花虫净等杀螨虫的药都可以。要用喷雾器，尤其要注意喷叶背。雨后喷药效果更佳。

当然和对付蚜虫一样，最好利用瓢虫、草蛉等天敌，用更生态的方法减少害虫的发生。

青虫

洋辣子

潜叶蝇爬过的叶片

四、毛毛虫

菜青虫，毛毛虫，各种小蠕虫，也属于夏季疯狂的季节。尤其是青虫，能一夜之间把月季的嫩叶嫩芽啃光，只留下啃不动的叶脉和老茎。别因为它们会蜕变成美丽的蝴蝶和飞蛾而心慈手软了。

处理办法

手工捕捉就算了，直接打药吧，护花神、蚍虫啉、阿维菌素等杀虫剂在市场上很容易买到，幼虫时期喷洒能起到很好的杀虫效果。

多数的蠕虫身上会带刺，有些还有毒，特别是洋辣子，色彩斑斓，美极也剧毒，皮肤稍许碰一下就会又刺又痛肿胀很多天。最好用胶带粘受伤部位，把刺入皮肤的细毛处理掉，再涂肥皂水或者用棒棍挑破洋辣子的身体，会发现一绿（或青）和黑的经脉。将其中绿（或者青）的一条取出捣碎，敷在被蜇处立马有奇效。千万别动黑色那条，这是它毒液所在处。

潜叶蝇之类更为隐秘，它会把虫卵产在植物的叶片上，幼虫吸食叶片，留下白色线状的痕迹，小虫发现不了，处理方法是摘除虫害的叶片，还有打药预防。

做一个优秀的园丁
我们从播种开始

图、文／玛格丽特－颜

秋天转眼就到了，秋高气爽，凉风习习。属于园丁忙碌的季节也到了。

这里特别给大家介绍一些适合秋播的花草。一般来说，秋播的花卉主要是指两年生草花，秋天播种，第二年春天开花。

【适合秋播的花草】

虞美人
播种后 1~2 周发芽，明年 3~4 月开花。

报春花、紫罗兰等
小苗及早定植，可以户外过冬。

香雪球、雏菊、角堇
种子细小，播种后 5~10 天发芽，适合做花坛围边。

羽扇豆、毛地黄
出苗后及早定植，保证充足的阳光和施肥。

旱金莲
小苗不耐寒，不适合露地种植；冬季阳台上盆栽越冬。

耧斗菜、风铃草
种子发芽容易，注意秋播苗要等到第二年春天开花。

【播种】

播种，是埋下一颗生命的种子，等待一个绽放的希望，是春花秋实的开始，也是一个花园之梦的启航。

播种准备

土壤介质：疏松透气的细粒泥炭，适当加入珍珠岩和蛭石，增加透气性和保水性；

缓释肥：播种的介质里可以适当加入缓释肥，保证 3 ~ 6 个月的肥力；

喷水壶：喷雾状的水壶可以防止浇水时冲散种子；

标签：记录下种子名称及播种的日期。

TIPS

播种注意事项

1. 种子一般分喜光性及嫌光性，喜光性种子直播在土壤表面，嫌光性种子则需要表面覆土。

2. 种子发芽温度一般在 15~25℃之间，参考不同种类的播种温度。

3. 保持土壤湿润，可以经常喷水保湿，太过干燥时也可以用薄膜防护增加湿度。

4. 出芽后逐步增加日照，防止徒长。

5. 长出 2~3 片叶子后可以定植，直根性的如波斯菊等最好不要移栽。

6. 小苗半个月之内最好不要施肥，不然容易肥烧；后期逐步增加水溶性肥料。

7. 生长和开花期参考不同的施肥要点。

生态花园系列
有机物和腐殖质

图、文／玛格丽特—颜

一个生态的花园需要健康的土壤环境。了解有机物和腐殖质，也帮助我们了解花园的生态系统，为植物营造更为健康自然的环境。

有机物是生命产生的物质基础，所有的生命体都含有机化合物。脂肪、氨基酸、蛋白质、糖、血红素、叶绿素、酶、激素等。而腐殖质是指已经死去的生物体在土壤中经微生物分解而形成的有机物质，一般呈黑褐色，含有植物生长发育所需要的一些元素，能改善土壤，增加肥力。在一定条件下腐殖质缓慢分解，释放出以氮和硫为主的养分来供给植物吸收，同时释放出二氧化碳加强植物的光合作用。

地面覆盖物的选择

1. 叶子和植物残渣：使用方便、分解较慢，能起到保温、保湿的作用。

2. 砾石、鹿沼土等：无法带来营养，可以反射阳光，起到保持土壤湿润的作用。

3. 堆肥：质地细腻，富含营养，不仅可以保温保湿，还可以给植物持续提供健康的肥料。

4. 沤熟的粪肥：富含营养，会产生味道，适合冬季覆盖。

关于粪肥的类型

1. 家禽的粪肥，味道浓烈，最好混合使用。

2. 牛马粪：肥力适中，使用在堆肥中，刺激有机物分解。

3. 羊粪：品质好，功能很多，是营养、微量元素和矿物质的来源。

4. 绿色肥料（堆肥）：需要一定时间分解，可以长期改良土壤，让土壤富含腐殖质。

有机物和腐殖质的来源

1. 植物残渣：落叶败花、冬季枯萎的枝秆。

2. 昆虫的尸体：昆虫的不同阶段在花园里都扮演着重要的角色。

3. 粪肥的分解：含有大量的有机物，需氧菌的分解，让植物更好地吸收。

TIPS

1. 土地和植物的滋养来源于腐殖质。

2. 土壤湿度和通气状况、温度、土壤反应及有机质的碳氮比值等会影响腐殖质的分解。

3. 化肥等无机产品则会对菌根产生毒害。

4. 土壤如果缺少有机物，会看到观赏植物生长不良，而生命力旺盛的杂草却越来越茂盛。

5. 健康的真菌有着非常重要的作用，它们大量吸收水和营养成分，释放出抗生素，保护植物根部抵御病害。

6. 松土而不是翻土，保护土壤里的健康的真菌。

生态花园系列
关于堆肥

图、文／玛格丽特—颜

堆肥是把花园里的枯叶以及其他植物残渣堆积起来，经历一段时间后，它们自然分解、慢慢腐烂，转换成富含营养且可以改善土壤的有机物质，减少泥炭和化学肥料的使用，花园也变成了一个健康生态的可持续环境。

堆肥有什么好处？

1. 增加土壤保水、保温、透气、保肥的能力。

2. 堆肥可以转变成腐殖质，改良土壤的结构，把厚湿黏重的板结土壤转化成肥沃的腐殖土。

3. 富含水分和营养，混合堆肥，可以改善沙质土壤的含水率和营养。

4. 堆肥包含大部分植物都需要的营养物、矿物质和微生物。

5. 一般处理后的活性堆肥，呈暗褐色或黑色，质地松软、有泥土的芳香，常用来做覆盖物。

6. 进一步处理后的腐熟堆肥，呈深棕色，结构疏松，可以用作肥料使用。

7. 堆肥处理后有机垃圾的体量会减少 60%~80%，不仅可以循环生态使用花园中的有机垃圾，还可以减少有机垃圾所占据的空间。

用于堆肥的物质

可以用哪些有机垃圾来制作堆肥呢？我们一般简单分为两种，绿色物质和褐色物质，原则上每添加两份绿色物质和一份褐色物质相配。

绿色物质是指含氮量高的比如食物残渣、草和粪便等。

1. 厨房废弃物：土豆及蔬菜皮；香蕉皮、苹果核、豆制品；肉和鱼（只能用于热堆肥箱）。

2. 米、面包、谷类；打碎的玉米棒；咖啡渣、茶叶渣、蛋壳等。

3. 花园废弃物：植物叶片、杂草、草坪修剪碎叶、果实、花等。

褐色有机物是指含碳量高的比如秸秆、木屑等物质。

1. 咖啡滤纸、纸巾、报纸（撕碎后使用，不能大量使用，分解较慢，热能低）。

2. 干树叶或草、木屑、刨花、秸秆、花生壳、甘蔗渣等。

不可以用于堆肥的

1. 不能分解的例如玻璃、塑料、金属、石头等。

2. 杀菌的洗涤剂、除草剂、药物等。

3. 导致发臭的食用油和过多的汤水。

生态花园系列
怎么制作堆肥

图、文 / 玛格丽特一颜

上一篇了解了堆肥的一些基础知识，现在让我们来学习如何制作堆肥，
建设一个更生态的花园吧。

制作堆肥需要一些基本条件

养分：微生物生存繁殖的物质基础；一般碳氮比按重量最适合的比例为25~35:1。（简单原则：每添加两份绿色物质、添加一份褐色物质）。

水分：溶解有机物，参与微生物新陈代谢；水分蒸发带走部分热量，调节堆肥的温度。所以经常需要给堆肥物质添加水分，但一般家庭堆肥湿度会过高。

氧气：微生物呼吸需要氧气，分解过程中二氧化碳产生热量，所以堆肥也需要经常保持通风。

温度：不同堆肥微生物适宜不同的温度; 高温会将大部分病菌及杂草清理掉。

传统的农场一般都会自己制作堆肥，利用堆肥垛采用热堆肥的方式，需要相对大的空间，还需要挖沟设置空气通道，铺设堆积材料增加空气流通。花园里还是利用容器（堆肥箱）的冷堆肥方式更加适合。它干净、维护简单，可以摆放在一个花园的角落，随时使用；可以快速地处理花园及生活中的有机垃圾，减少对其他资源的消耗。

一起制作堆肥吧，
让我们拥有一个更生态更健康的美丽花园。

在家庭堆肥的过程中经常会遇到的一些问题

例如打开堆肥桶会有腐烂的气味，检查是不是堆肥箱里有塑料袋，或者堆物太紧实潮湿、没有按要求添加垫料？如果有氨气味，那么说明有机垃圾的氮含量太高，可以增加褐色物质来改善；堆肥分解需要一定的温度，如果垃圾的量太少、或者褐色物质太多，温度太低，也会影响堆肥的效率；另外堆体太湿，温度不高的情况下容易产生小黑虫，而蚂蚁的产生则是因为堆肥箱底部太过干燥。

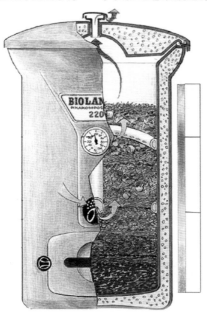

堆肥制作

1. 把有机垃圾加入堆肥箱，220 升的堆肥桶，每天最多添加 5 千克的物料；

2. 在有机垃圾的表面添加垃圾量 1/3 的垫料，作用是保证疏松透气、平衡湿度并调节碳氮比。

3. 日常打理，每周 1~2 次搅拌混合物并添加一层薄薄的垫料。

4. 三个月后，活性堆肥即可产生了，从通气管下铲出，可以用作土壤覆盖物，富含腐殖质。

5. 活性堆肥防止放置在避雨并没有保温性能的箱子里，经过 6~12 周的时间可以产生腐熟堆肥，直接做肥料使用。

冬日里的雪果和紫珠

图、文 / 玛格丽特－颜

雪果和紫珠，它们是花园整个秋冬季节最闪亮的果实，也是最靓丽的一道风景。

毛核木 "雪果"

一直喜欢花花草草的，很少对灌木感兴趣。几年前第一次见到毛核木，却着实有些被惊艳到。记得那次是约了一帮好友们去莘庄公园看梅花的，还是2月，春寒料峭时，特别地寒冷。刚进入院子，就被矮墙边紫红色的小果子吸引了眼球，一串串，带着突起挤在一起，奇怪的形状。主要是色彩实在太美，在萧瑟的冬季，周围的灌木也都落光了叶子，它却鲜艳地挂在那里。

后来每年的冬季，都会寻找毛核木，所以拍到了很多，秋天刚挂果时逐渐地变红，整个秋天冬天嫣红一片；还有即便到了早春，叶子都掉光了，果子依然挂在枝头，被冻过后的色彩则显得有些暗旧。

毛核木，其实还有一个更好听的名字，叫"雪果"，红色品种叫红雪果，不知道是不是因为它在下雪天依然挂着果子的关系。另有一种白色品种，这次在北京植物园刚见过。白色的果子更大一些，雪果这个名字似乎更为贴切于它。

毛核木
Symphoricarpos sinensis

忍冬科毛核木属的直立灌木，高度在1~2.5米，它的叶子是菱状卵形的，非常特别。夏天开白色小花，秋天开始挂果，可以一直持续到第二年的早春。整个挂果期长达4个月，在萧瑟单调的冬日里，它极为醒目。非常耐寒，华北地区可以露地过冬。喜光，光照条件好的情况下色彩更为鲜艳。

全株可入药，有清热解毒的功效。

毛核木在我国也有野生，主要是在陕西、甘肃、湖北、四川等地的山坡灌木林中。不过现在园艺市场上看到的，都是北美引过来的品种。

紫珠
Callicarpa bodinieri

　　还有一种灌木，到了冬天一粒粒紫色的小球，阳光下像小珠子一般闪着光芒，特别美丽。它就是这几年花友们特别喜欢的紫珠了。剪下一枝来，插在小瓶中，可以保留很长时间。

　　它的花其实并不起眼，小花淡淡的粉色，聚伞花序，花期在6~7月，一般要到入秋才会挂果，刚开始的小果子是黄绿色的，在秋日的阳光照耀下，等到温度下降到20℃以下，才会逐渐变成紫色。紫色的果子整个冬天都会挂在枝头，一直到第二年的早春。

　　在上房的梦花源和辰山植物园里都见到很多棵这样的紫珠，名字写着欧洲紫珠和美洲紫珠，美洲紫珠的株型更为高大，株高2米以上，大灌木丛的样子。便一直以为这么美丽的观果植物也是外来物种，没想到后来在皖南秋天的山里看到，大为惊诧。回来查了资料，原来紫珠在我国也是广为分布，江苏、安徽、江西、湖南、湖北、广东、广西等地，到云贵川都有。有的地方的原生紫珠甚至能长到3米多高，像小树一样，冬季非常惊艳。

养护要点

• 管理粗放，很少病虫害。

• 紫珠喜湿，但不耐涝，雨季要注意排水。

• 在4 ~ 10月生长季，施一定的肥料，结果更多，色彩也更为靓丽。

• 半阴环境生长较好。

• 紫珠属浅根系灌木，根系发达，每年能萌发很多新枝条。

• 落果后剪去细弱枝条，粗壮枝条适当修剪，每年可以结果。

　　紫珠，英文名：Bodinier's Beauty-berry，又名白棠子树、紫荆、紫珠草、止血草。为马鞭草科、紫珠属落叶灌木，株高1.2 ~ 2米左右，聚伞花序腋生，花蕾紫色或粉红色，花朵有白、粉红、淡紫等色，6 ~ 7月开放。球形的果实，9 ~ 11月成熟后呈紫色，有光泽，经冬不落。

似有浓妆出绛纱
分明见茶花

图、文／玛格丽特－颜

浴缸里放满水，整朵的茶花漂满
水面，一个人的大年夜，泡着茶
花浴，大落地窗外是洱海幽深闪
亮的星空，不时还有流星划过。
有种幸福满足的滋味，就那样和
茶花紧紧地联系在了一起。

一直觉得茶花株型太过工整、叶子绿得油亮、花朵艳丽华美，很不够雅致，所以一直没纳入我的花园种植范围。邻居的台湾大姐却喜欢茶花，刚买下我家隔壁的房子，就在院里种上了十几株。她在台湾和上海两头跑，早春时她家院子里的茶花都开了，她却还没回来。她知道我也爱花，便委托我帮她照顾花园。那么自然地，帮她欣赏茶花、拍下美图，也就成了我早春的一项任务。

渐渐地，我就有些喜欢茶花了。气候适宜的话，很多茶花在冬季就开了，早春是盛花期。它的花型和树型一样，从容端庄，是大家闺秀的气质。虽然不妩媚，也不清新，却是百看不腻。尤其是茶花的花型花色非常丰富，五彩缤纷，纯白色胜似玉，大红色艳如火，更有粉色、紫色，万紫千红。有一句诗似乎有些夸张："似有浓妆出绛纱，行光一道映朝霞。"

但是在喜欢茶花的人眼里，茶花就是美得那么辉煌吧。

前年的冬天，去了云南大理，花友老谢带我去看他的茶花，竟然是整一个山坡！他酷爱茶花，收集了大量品种，很多品种几乎是国内独有。还有很多山里淘来的高大茶花树，遒劲挺拔，满树的红艳，看着像是一个铁血硬汉不经意流露出的柔情和热情。因为很多茶花树刚种下，为了节省营养，需要尽量把花摘除。边拍边摘，很快就满满的一大袋子了。晚上带回酒店，浴缸里放满水，整朵的茶花漂满水面。一个人的大年夜，泡着茶花浴，大落地窗外是洱海幽深闪亮的星空，不时还有流星划过，有种幸福满足的滋味，就那样和茶花紧紧地联系在了一起。

其实云南还有一种古老名贵的金花茶，被西方人视作"植物界的大熊猫"。

非常喜欢小区里的茶梅，冬天的时候，就它红艳着，到了早春，落一地的花瓣，让人怜惜

网上看过照片，杯状金黄色的花瓣，润、亮、质感细腻光洁，中心橙红色的花蕊，美若仙物啊。没看到老谢的山坡上有金茶花，却另有一种少有的粉色重瓣茶花，带着淡雅的芳香，摘下泡在酒里，再普通的白酒立刻柔绵了起来，很是神奇。

我最早了解茶花的品种，还是在武侠小说《天龙八部》里，金庸描写大理段氏的曼陀山庄，里面不少极品的山茶品种，比如十八学士、十三太保、八仙过海、抓破美人脸等。段誉说："十八学士，那是天下的极品，一株上共开十八朵花，朵朵颜色不同，红的就是全红，紫的便是全紫，决无半分混杂。而且十八朵花形状朵朵不同，各有各的妙处，开时齐开，谢时齐谢。"现在的茶花据说是有个"十八学士"的，但如金庸写得这般神奇，却是夸张了。段誉还说："十三太保是十三朵不同颜色的花生于

一株，八仙过海是八朵异色同株，七仙女是七朵，风尘三侠是三朵，二乔是一红一白的两朵。"写小说靠的是想象力啊！不过，说到二乔这个品种倒是真有，但不是一株上只开一红一白两朵，有一年到植物园，拍到了二乔，是一朵上粉白两色，很美。

茶花和茶梅

茶花，学名：*Camellia japonica*，也叫山茶花。花期长，较耐寒，夏季适当遮阴，喜欢透气性好的酸性土壤。长江流域、珠江流域、重庆、云南和四川各地都可以种植，再往北，就需要盆栽并冬季防护了。茶花是我国十大名花之一，早在三国时期就有人工栽培，到了唐朝，开始有文字记录茶花的品种了。据资料记载，世界上登记注册的茶花品

种已超过2万个，中国的山茶品种有800多个。

茶梅和山茶花其实差别并不大，甚至日本就把茶梅称作"山茶"，非要做个区分，那么最大的差别就是主花期了，茶梅基本在11月开，且花量非常大。品种上主要是红、粉为主。茶花则多数要到1月后开，盛花期在3~4月。

落入凡间的仙子
——耧斗菜

图、文／玛格丽特－颜

每年的春天，各种草花争相怒放，选择太多，喜新厌旧也是难免。然而对楼斗菜，却一直情有独钟。它默默无闻地生长，等待着温暖的阳光，在微风轻拂的5月，就像美丽的仙子在花丛中的舞蹈。

　　记得刚进入播种疯狂期的时候，北京的草芯妹妹给我寄来的一堆种子里，就有几粒楼斗菜的种子，那个时候种花很认真的，播种用什么样的介质，怎么保湿，种子是不是需要覆土，小苗需要什么样的温度，都仔细研究，也所以，一共5粒楼斗菜的种子竟然发了3棵。不过头一年秋天播种太晚，到了春天还是小苗的模样，直到第三年的春天才开花。3棵苗里开了两个颜色，一个粉黄色，一个纯黄色。因为地栽，每一棵楼斗菜都极其茁壮，好几十朵如仙子般美丽的花儿绽放在枝条上，透着飘逸和灵气，惊为天物，从此彻底爱上楼斗菜，无法自拔。楼斗菜的花苞也极有趣有，后面

拖着几个长长的触须般，感觉像是火星人的脑袋，非常可爱。

　　其实种子并不好买到，反而后来在花市上可以买到更多花色的花苗。尤其是世博会的前一年，各大花卉公司为了世博的园艺订单，都想办法引进了很多国外的新品种，所以花市上出现了很多新品种的楼斗菜。真是如获至宝，一一收入囊中。春天的院子也成了一个精灵的世界。

　　再后来，入了更多品种的楼斗菜，短尾垂头的，还有重瓣的。重瓣漏斗也有不少品种，粉白色、大红色、蓝紫色等，不过每样的花卉，我都更偏好单瓣的。矫情地说，是为了那份飘逸和单纯。

耧斗菜轻灵飘逸的花儿，就像美丽的仙子在花丛中的舞蹈，带着梦幻般的美妙

说实话，"耧斗菜"真是一个很土很土的名字，头一次把花和名字联系起来的时候，我简直不敢相信。明明是花，为什么叫"菜"呢？后来看到资料，耧斗菜曾在饥荒时被当做野菜食用，又因着它的花形如漏斗，才叫耧斗菜吧。明朝的《救荒本草》和《野菜博录》有记载，耧斗菜的叶子洗净烫熟后可食用。不过上面也说，耧斗菜生食有毒。

耧斗菜作为园艺品种进入国内花园历史却很短，以至于很长一段时间我一直以为它是来自于国外的园艺品种。其实耧斗菜是一种分布极广的野花品种，从亚洲到北美到欧洲，温带区域一定海拔的地方都有野生的耧斗菜，国内的品种也非常丰富。去年夏天去川西，在玛嘉沟一路便见到很多无距耧斗菜，紫色的小铃铛样，小精灵般散落在路边岩石和灌木丛中。新疆北部的山地草坡边则有暗紫耧斗菜和大花耧斗菜；而陕甘宁区域有秦岭耧斗菜；在东北、朝鲜及日本，是那种萼片蓝紫色、花瓣白色的白山耧斗菜。还有尖萼耧斗菜、小花耧斗菜等。在欧洲，耧斗菜更是极为常见的野花，

生长在沟谷深处的乱石堆里，在欧洲的民间传说里，战争时期，战士们把耧斗菜的叶片双手揉搓后闻其气味，会使人兴奋且产生很大的勇气。据说这也是耧斗菜的花语"胜利、奋战到底"的来源。做一个爱花人吧，不舍得搓揉叶片，也不需要太多的勇气，更喜欢的还是耧斗菜绽放在花园的一角，精灵般飘逸着，充满了灵动的气息，追逐着透过树梢洒下的光影，犹如音符般悦动在花丛中，或粉色、或白色、或蓝紫色，生活是宁静祥和的，也是可以如此美丽多姿的。

耧斗菜

英文名称：Easten Red Columbine

拉丁名：*Aquilegia vulgaris*

多年生草本植物，株高 50～70 厘米。

花期 4~6 月，一茎可以开很多花，花色非常丰富，多为双色、粉、紫，黄配白色等；杂交也非常容易，这些年有更多的花色品种培育出来。

喜富含腐殖质、湿润而排水良好的沙质壤土；喜半阴和凉爽的环境，在半阴处生长及开花最好。

耧斗菜性强健而耐寒，但不耐炎热，华北及华东等地区均可露地越冬。夏天最好半阴和通风；忌闷湿。上海地区户外种植的耧斗菜多数到梅雨季节便闷烂了，其实耧斗菜是可以多年生的。

开花后能结很多种子，种荚成熟后自然干燥，黑色小粒的种子倒出来。

一般秋天播种，经过寒冬，春天发芽，第三年春天开花。

欧洲人的药草
——琉璃苣

图、文／玛格丽特－颜

古时候人生了病也是要吃药的，无论欧洲还是中国，都会从植物中找到医治的药方（不得不说那时候中医要强大很多）。原产于东地中海沿岸及小亚细亚的琉璃苣（Borage 又名 Starflower）便是非常有名的欧洲药草。

　　琉璃苣在欧洲作为药草已经使用了700年，据说在中世纪的欧洲，当时修道院的后花园里，会种很多琉璃苣，不仅用于观赏，主要是用来治疗多种疾病，被认为是修道士的秘密法宝。

　　我们园子里也种了不少琉璃苣，最开始知道琉璃苣可以食用的时候，我有点不敢相信的，无论叶子还是花秆，整个都毛茸茸的，摸上去都刺刺的，怎么吃啊？斗胆撕了片叶子送到嘴里，隐约有一丝咸味，还有淡淡的黄瓜清香。查了资料说是琉璃苣具有含盐组分，可促进肾脏的活动，所以也被用于治疗急性黏膜炎。而整个植物都含有的黏液则可提取为缓和剂。揉碎了外敷在伤口上，还可以缓解疼痛。琉璃苣花有浓郁的香味，含有可以舒缓情绪、安定神经的挥发油。

琉璃苣无论叶子还是花秆，整个都毛茸茸的，摸上去都刺刺的，非常粗糙

新鲜的叶片和花，都可以用来做色拉，做菜及炖汤

琉璃苣怎么吃？

如果不怕毛茸茸的口感，新鲜的琉璃苣叶片和花可以加入色拉食用，有淡淡的黄瓜清香。或者加在菜肴上面做点缀，可摘下蓝色的小花飘在果汁上，顿时增添很多的浪漫。

欧洲人会把院子里的琉璃苣当作蔬菜，鲜叶及干叶用于炖菜及汤。我没试过，不过它含有丰富的钙、钾和矿物质等，绝对是健康蔬菜。

琉璃苣 *Borago officinalis*

紫草科一年生草本植物。株高60~100厘米。叶子肥大，非常粗糙，全株都被粗毛。花非常美，5片尖尖的蓝色花瓣，下垂着脑袋，像个调皮的小喇叭，有很浓郁的香味。花瓣鲜蓝色，有时也会变成白色或玫瑰色，圆锥形花序。

种植相关

喜温植物，耐高温多雨（在上海地栽可以基本不用管理）。

耐干旱，不耐寒，要求不太贫瘠的土壤。

琉璃苣属于一年生草本，每年春天播种。

播种注意

种皮较硬，播种前宜用温水浸泡1~2天，每天换水，利于出苗。

种子厌光，播种时注意上面要覆盖介质，厚度为2~3厘米。

育苗在3~5片真叶时定植，定植后浇透水。

株高20厘米左右时进行1次摘心，促进分枝和开花量。

生长期需要适当施肥。开花后减少浇水。

琉璃苣还有一个好处是，它一般没有病虫危害，基本不使用农药。

园艺工具推荐
你需要一把修枝剪

图、文／玛格丽特－颜

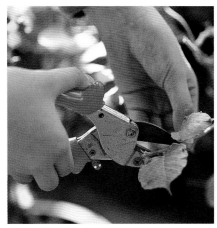

四季更迭，植物也在不断生长开花凋零，伴随着的是那些残花、枯枝、细弱枝条等需要经常修剪。修枝剪，是每一个园丁必备的种花工具。

为什么要修剪残花？

不仅是影响美观，另外，花谢后的结种会消耗植物大量的养分，后面的开花便会受影响，所以除非特地留种，一般残花都要及时剪去。

为什么要修剪败叶？

增加植物的通风透光，另外败叶也更容易产生病虫害。

普通剪刀可以吗？

当然普通的剪刀也是可以剪些嫩枝条和小草花等也是可以的。

缺点是：剪不动稍粗的枝干；设计上不适合长时间使用，容易手酸；接触的是植物的枝干，刀口上会残留汁水，普通的剪刀没有经过特殊处理，更容易生锈。

残花需要及时修剪，为后面的生长和开花保留充足的养分

修枝剪又分嫩枝剪和硬枝剪

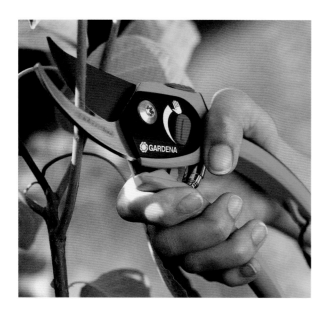

嫩枝剪

一般修剪残花，掐顶整形，剪去枯叶等，都是用的嫩枝剪。嫩枝剪是所有园艺工具里使用频率最高的，建议选择轻巧锋利、维护简单、不易生锈且便于随身携带的。

硬枝剪

是用来修剪枯败的老枝条的，筷子粗细或更粗的枝条，嫩枝剪就剪不动了，这时候需要更强大的硬枝剪出场，冬季花园维护时更多使用。不过日常在月季、灌木等需要修剪整形的时候，也经常会用到。

我一直用嘉丁拿的修枝剪，它使用不锈钢同心圆弹簧，用力可以在一直线上，更经久耐用。普通修枝剪使用的是螺旋弹簧，在用力时，弹簧易扭曲。另一特色是：剪刀开口大小能调节，不但能适合男女手掌不同尺寸，而且更容易用力。

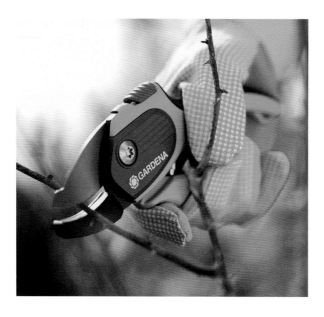

园艺防护手套

关于修枝，必须要提醒的是修剪月季等带刺的植物，最好使用园艺防护手套。我之前在院子里修剪残花的时候顺手也会把月季的残花修一下，总是懒得特地去戴手套，于是一不留神就被月季的刺划出好一道大口子，皮开肉绽的，伤口好几天才好；有时候还会被刺扎在手掌或手指上，都是血淋淋的教训啊。

当然防护手套还能派上更多的用处，比如翻盆或移栽时戴着，可以防止玉手直接接触土壤而变得粗糙、受伤或感染什么不知名的病菌之类的；还有用手锄或大钢铲翻土时，可以更方便用力和防止手变得毛糙。种花也是要美美的，酷酷的。

园艺工具推荐
盆器的选择

图、文 / 玛格丽特 – 颜

地栽植物相对会容易打理，但是对于大多数没有花园的园丁新手，就不得不选择用各种各样的盆器来种花了。如何挑选适合的花盆，也是一门学问。

选盆要点

1. 透气、大小适合、美观、风格协调。花盆的透气性绝对是最重要的，透气性好的花盆，才会利于植物的生长。

2. 其次是根据植株的大小选择适合的花盆，在植株长大后，还要移栽换更大的花盆。

塑料花盆

价格低廉，轻巧，使用方便，也是花市上最常见的简易花盆，底部都会有很多孔洞，相对透气性较好，除了难看点，必须更勤快浇水外，还是很不错的。另外大多数播种都是使用塑料材质的花盆，等小苗长大了，就需要移栽到适合的容器里了。因为塑料花盆质地轻，悬挂式的花盆一般也是用这种材质。

红陶盆、紫砂盆

相对透气性较好，不过不同材质、工艺和厚度，对花盆的透气性影响还是挺大的，像多肉盆栽使用的小红陶盆，介质非常容易干透。有些紫砂盆，质地太过紧密，反而又特别不透气。

木质花盆

碳化木多数是用质地轻软的木材做的，透气性非常好，缺点是日晒雨淋地容易腐朽，如果气温闷湿，还容易产生霉菌。

陶瓷花盆

外观美，但不透气，尤其是上釉的陶盆，经常用来栽植洋兰等高档花卉当做过年过节的礼品，实际上后期的养护会非常困难。

水泥花盆

很多喜欢 DIY 的花友会自己制作水泥花盆，拗很好看的造型，可用于高山容器花园等。市场上也有卖的，富有现代感，透气性不错，缺点是太重了，要挪个位置实在不是件容易的事情。

TIPS

1. 底下没有排水孔的花盆，不管什么材质，最好还是当做套盆使用，否则里面积水后植物容易烂根。浇水或淋雨后也要注意把里面的积水倒掉。

2. 种植大型植物或组合盆栽的大型容器，一般只有底下一个孔，放在地面就会直接堵上了，不妨在底下垫上两块砖头石块。

3. 很多废旧容器，比如鞋子、帽子，甚至饼干盒都是可以发挥创意，变成种花的容器。要注意排水，不然就当做套盆使用。

4. 如果掌握了植物的生长习性，浇水的技巧，或者抱着养死了再种的心态，那么选好看的花盆吧，容器的美观绝对可以提升一盆植物的气质。

五花八门的废旧容器

　　一定要花盆才可以种花吗？当然不是，生活中总是会有各种旧物，比如穿不下了的小孩鞋子、男朋友送的磕破的茶杯、穿破了的牛仔裤等；还可以是旧的柜子、车子上换下的轮胎、甚至是搬家时留下的旧电视机或抽水马桶。

1. 破旧的耐火砖种上多肉植物，是不是立刻华丽了起来？

2. 废弃的饼干桶也可以种花，很省钱，记得底下打孔哦。

3. 破旧的椅子种上花草会非常别致，不过需要无纺布和钉子固定。

4. 打碎的花盆可以种出别致的花镜。

5. 旧鞋子、旧马桶、旧的轮胎、自行车，都是种花神器。

6. 电视机也可以当容器，看到的那是最自然的图像了。

鸢尾
彩虹女神家族

图、文／余天一

花菖蒲

作者简介

余天一，植物、生态摄影以及科学绘画爱好者，《博物》杂志专栏作者，目前为北京林业大学学生。

德国鸢尾 '杰西之歌'

矮生德国鸢尾 '音箱'

德国鸢尾 '印度首领'

'路易斯安娜'

　　暮春初夏相交之时，在路边绽放的鸢尾绝对是焦点植物——它们扁平像剑一样的叶子层叠排列，这也是为什么很多种鸢尾俗称"菖蒲"的原因；硕大的花朵像蝴蝶一样开展而飘逸，下垂的花瓣仿佛裙摆一般。鸢尾这个名字就来自叶片的形态，它的叶片顶端逐渐变尖像老鹰（鸢）的尾羽。而鸢尾属拉丁学名的属名则来自于希腊神话中的彩虹女神，这是由于鸢尾属的种类色彩丰富，把不同花色集齐，颜色堪比彩虹。

　　如果要认识常见栽培的鸢尾属种类，可以从不同的角度入手，园艺上就有很多不同的分类方法，比如依据习性把鸢尾分为陆生鸢尾（旱生鸢尾）、中间型鸢尾和湿生鸢尾，或者依据根茎的形态将鸢尾分为球根鸢尾和根茎鸢尾。球根鸢尾主要分为三大类：小型的网脉鸢尾、较大一些的朱诺鸢尾（西西里鸢尾）和相对大型的西班牙鸢尾（包括常用于切花的荷兰鸢尾）。国内几乎没有野生的球根鸢尾种类，栽培的也比较少，常见的主要是根茎类鸢尾。

德国鸢尾"平瓣粉"

想要想进一步细分根茎类鸢尾，总是要先看外轮花被上的附属物，附属物的形态决定了它属于哪一个类群。花被指的是俗称花瓣的部分，由于鸢尾的花被基部是联合的，所以我们只能说这个类似花瓣的是"花被裂片"。鸢尾花被的结构非常复杂，它们的花被分内外两轮，在两轮之间是瓣化的花柱，花柱下紧贴着雄蕊。外轮花被上有须毛状附属物的属于有髯鸢尾（分类上属于须毛状附属物亚属），没有须毛的归为无髯鸢尾，而没有须毛的又有两种不同的情况，一类具有冠饰物（分类上属于鸡冠状附属物亚属），另一类空空如也（分类上属于其它几个亚属，包括无附属物亚属、琴瓣鸢尾亚属、尼泊尔鸢尾亚属等）。

湿生鸢尾常见的花菖蒲品系（由燕子花、玉蝉花、黄菖蒲等种类杂交选育）、西伯利亚鸢尾品系（由西伯利亚鸢尾和溪荪等种类杂交选育）、路易斯安那鸢尾品系（由美洲的五种鸢尾杂交选育）都属于无髯鸢尾，它们非常依赖水，一般种植于湿地环境浅水中或岸边，是营造水景最好的选择。花菖蒲品系和路易斯安那鸢尾品系品种内轮花被（旗瓣）通常比较短而平展，花色极为丰富；西伯利亚鸢尾品系内轮花被大多直立而明显，花色主要是蓝色、紫色及白色。

马蔺

匈牙利鸢尾

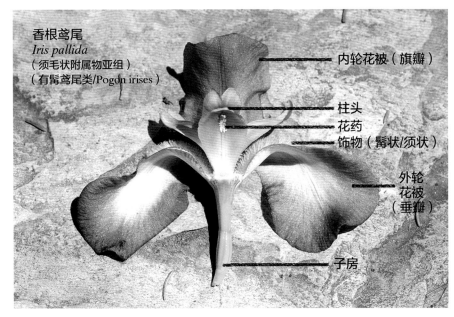

香根鸢尾
Iris pallida
（须毛状附属物亚组）
（有髯鸢尾类/Pogon irises）

内轮花被（旗瓣）

柱头
花药
饰物（髯状/须状）

外轮
花被
（垂瓣）

子房

球根鸢尾

　　有髯鸢尾常见栽培的品系主要就是我们都熟悉的德国鸢尾品系，它们大多耐旱，也能栽培在水边，对土壤的排水性有一定的要求。德国鸢尾品系的杂交亲本分布在欧洲，主要有德国鸢尾、香根鸢尾、匈牙利鸢尾等，它们花色艳丽多变，部分种类如香根鸢尾还具有香味。

　　常见的具有冠饰物（鸡冠状附属物）的鸢尾属种类有鸢尾属的属长——鸢尾，这是我们最熟悉的蓝蝴蝶，另有一个白花品种；还有南方比较常见的蝴蝶花（亦称日本鸢尾），花序上常有多朵花同时开放，种植一片盛花时非常美观。西南常见一种与蝴蝶花相似的鸢尾扁竹兰，它们之间的区别是蝴蝶花一般无明显地上茎（叶片最基部达到地面），扁竹兰有长而略下垂的地上茎。

　　旱生的无冠饰物的种类比较零散，比如北方路边常见栽培的耐旱能力 max 的马蔺（马兰花），以及耐盐碱能力 max 的喜盐鸢尾（从名字就可以看出来了）。这些种类比较适合北方旱地栽培。

白花鸢尾

蓝花喜盐鸢尾

中国野生的景天属植物去哪儿了?

图、文 / 余天一

凹叶景天

我们在玩多肉的同时,如果对多肉的原生种分布有所了解,会知道景天属植物在北半球广布(少数种类分布到非洲和南美洲),中国有将近四分之一原种之多,但我们盆栽的多肉品种大多是从原产欧洲和美洲的原种选育出来的,少有东亚种类。

繁缕景天（火焰草）

大叶火焰草

垂盆草

东南景天

现在这个状况，一是因为东亚的种类平均颜值确实低于欧洲和美洲的种类。这其实是环境导致的，高颜值种类具有的特点，比如株型紧凑，叶圆润饱满，有花朵一样的色彩等等，大多是为适应高寒或干燥环境（如地中海沿岸和墨西哥高原）被迫长成这样的；而景天属植物在东亚季风区的生活环境，大多是潮湿阴暗的林下，高原种类又大多是一二年生小草本，无需长得粉嫩。景天属具有莲座状叶的种类少，在中国的原种中主要集中在小山飘风组，但它们大多也都是一或二年生的，与瓦松属差不多，第一年保持萌萌的二维状态，第二年突然长成一大丛之后开花结实枯死。分布在南方的大叶火焰草 Sedum drymarioides 和北方的繁缕景天（火焰草） S. stellariifolium 就是这样的种类。

同时也因为环境，东亚原产的景天属种类大多爱匍匐生长四处乱爬，因此更多是在园林中作为地被植物用于观赏，

少数几个常见盆栽的东亚原产种类比如凹叶景天 S. emarginatum、圆叶景天 S. makinoi 同时也是常用地被；中国的种类更适应中国的环境，夏天在闷热多雨的室外可以生长的非常愉快，对室内不适宜环境的耐受力也更强，在本土很适合栽培观赏，其实中国也确实在很久之前就开始栽培垂盆草 S. sarmentosum、佛甲草（不是万年草）S. lineare；还有一些野生种，比如东南景天 S. alfredii 可以大量积累土壤中重金属，不光对重金属土壤有很强的耐受力，同时甚至可以改善土质。

广义的景天属还包括了费菜属 Phedimus、八宝属 Hylotelephium 等属，因为这两个属的原种主要分布于北温带（中国也有很多种类），耐寒不怕热，费菜属和八宝属的杂交品种一样是很常用的园林植物，不过它们也更多作为地被或宿根植物栽培，少有种类（比如日高 H. sieboldii）栽培观赏。

繁缕景天（火焰草）幼苗

多茎景天

葫芦科家族
不管在东西南北，都逃不过被吃的命运

图、文／余天一

苦瓜

赖葡萄 – 金铃子（未熟）

我们食用的蔬菜中，绝大部分带"瓜"字的，都是葫芦科 Cucurbitaceae 的成员——葫芦科在台湾就被称为瓜科。这个科用于栽培食用的种类包括黄瓜、丝瓜、冬瓜、西瓜、南瓜、西葫芦、瓠子（葫芦）等主要集中在南瓜族，除此之外常食用嫩茎的佛手瓜属于佛手瓜族，另外近年来的新兴蔬菜拇指西瓜属于马㼎儿族。

赖葡萄 – 金铃子（成熟）

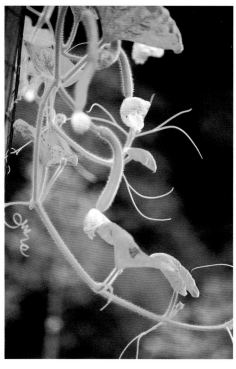

葫芦

　　葫芦科的中文名来源——葫芦 *Lagenaria siceraria* 就可以食用，我们吃的主要是它突起不明显的品种瓠子 *Lagenaria siceraria* 'Hispida'，在北方常用来切丝做瓠子饼；瓠子也有很多不同形状的品种。另外葫芦也有用于观赏的品种，果肉较少，这样的品种更接近我们印象中的葫芦形。

黄瓜

　　黄瓜 *Cucumis sativus* 的叶片近五边形很少深裂，花比较小；我们常见到的主要有小黄瓜（乳瓜）和黄瓜两大类，它们都起源于印度，从不同的路线最终进入中国，到达了我们的餐桌上。西双版纳另有一个黄瓜的品系，其果肉是橙红色的，正如近些年在中国能见到的非洲的黄瓜属植物刺角瓜 *Cucumis metuliferus*；黄瓜属种类很多，远不止这两种，它们的果实有的带长角有的长满刺毛，非常多样；甜瓜 *Cucumis melo* 也是黄瓜属的，不过它原产中国，是中国栽培食用最早的瓜类。甜瓜也有非常多的品系，常见的如香瓜、白兰瓜、哈密瓜等等。

丝瓜

　　丝瓜 *Luffa aegyptiaca* 可能原产于亚洲南部，叶片以及叶片的裂片都接近三角形，非常好辨认，结出的长长果实也很醒目，易于与其它瓜区别。它的雌花和雄花长在一起，雌花在基部，雄花形成一小段花序。广东丝瓜 *Luffa acutangula* 与丝瓜不同种，瓜的外部带有明显的棱，南方比较常见。

南瓜

来自南美的类群——南瓜属就更加复杂混乱了，不仅它们的名称经常混用，由于它们栽培历史悠久品种极多，使得辨识品种所属种类也比较困难。常食用的南瓜属种类主要有西葫芦 *Cucurbita pepo*、笋瓜 *Cucurbita maxima* 和南瓜 *Cucurbita moschata* 三种，不过中文名并不是和拉丁学名完全对应的。西葫芦的品种众多，形态各异，各种观赏南瓜品种（如飞碟南瓜）几乎都是西葫芦培育出来的，而我们常吃的绿色长条状的西葫芦是专门食用嫩果的品种，另外近年来流行的金瓜（金丝瓜）也是西葫芦的品种；笋瓜的果实最大，口感较老，北美万圣节用于制作南瓜灯的大南瓜基本都是笋瓜；南瓜果实较小些，主要用于食用。区分这三者可以看植株和果实的果柄：西葫芦用于食用嫩果的品种较矮、几乎直立不蔓生，花都集中在植株基部（西葫芦的观赏品种可能蔓生）；笋瓜和南瓜蔓生、花不集中生长，笋瓜的果柄（瓜蒂）明显扩大，而南瓜的瓜蒂不扩大；南瓜叶片上有明显的白色斑纹，西葫芦可能有，笋瓜几乎没有。

西瓜

西瓜 *Citrullus lanatus* 原产于非洲（正如其名来自西方），原种的果肉少得可怜，培育品种的路线一方面往更多糖分和水分的方向发展，培育出了如今食用果肉的品种，另一方面向瓜子愈来愈大的方向发展，培育出了主要提供西瓜子的籽瓜（白瓤瓜）。为了一个崇高的梦想——吃西瓜不用吐籽，人们又培育出了三倍体的无籽西瓜，并非完全无籽，而是无法长出正常可育的种子。西瓜的叶裂的多而深，很好辨识。

冬瓜

冬瓜 *Benincasa hispida* 和甜瓜一样，是少数几个原产（或者至少原种分布于）中国的瓜，幼小的冬瓜表皮上有一层绒毛，非常可爱，而长大接近成熟时会换作一层白霜一样的蜡质层。由于冬瓜几乎不带有任何味道，因此可以搭配各种菜肴，甚至用于做甜品（酥饼的内馅）以及饮料（冬瓜茶）。

石英砂干花制作

图、文 / 玛格丽特—颜

干花的方式有很多种，包括自然风干，烤箱烘干等。但多少都会影响原来花朵的质地和形态，一看便知是没有水分没有生命的干花。石英砂干花相对其他的干花方式，它能最大限度地保持花朵的质感，也能最大限度减轻褪色。

石英砂干花材料：鲜花花材、石英砂、适宜的容器、勺子、软毛刷

让我们开始动手吧!

Step 1 采摘合适的花材

1. 选择花瓣质地比较厚实紧凑的，花型体积较小，花茎坚硬、含水量较低的花材。
比如小型的玫瑰、石竹、部分菊科的花朵等。大花的铁线莲或虞美人之类的，花瓣太大太软，很容易变形。绣球太大，花茎细软，不容易保持形态。

2. 花朵不要太密实，以便让石英砂可以更多接触面，不然没有风干透的中心部分容易霉烂。康乃馨等花瓣太过密实，中心不容易干燥。

3. 最好选择含苞或刚开放的花朵，而不是快谢的花朵，形态可以更为优美，也可以保留更长时间。

3. 挑选形态优美的花材，连茎带叶一起剪下，插花时可以有更自然的形态。根据需要除去病弱残枝、侧枝与侧蕾，以及过密的叶、花、花序等。

4. 叶子也是可以剪下来干燥处理，用来搭配干花插花效果非常赞。叶材的采集，要求叶片厚、易整形且不易卷曲、质地柔韧性好、挺而不脆的厚型草质叶。

Step 2 在容器里放入 2~3 厘米左右石英砂垫底

容器的大小选择根据花材调节，要完全盖住花材。底部要先加部分的石英砂，操作时固定花柄。

Step 3 将花材竖直放置，花柄固定在砂子中

注意要竖着放，不然，石英砂的重量容易改变花朵的形状。

Step 4 用小勺慢慢往容器中填石英砂

勺子不要太大，便于操作，可以仔细地把石英砂填埋花瓣的空隙。

在此过程中检查并调整花的姿态，直至石英砂完全淹没鲜花。

注意要把花朵连枝条叶子都一并用石英砂埋住。让整个花材都可以干燥。

Step 5 在阴凉干燥处静置约一周左右的时间

时间视空气干燥程度及花瓣的含水量调整，越久，干燥程度越高。这个就全凭经验啦。

Step 6 将花儿轻轻取出，用软毛刷刷去表面浮尘，石英砂干花就做成啦！

花材干燥后，用软毛刷来刷去表面残留的石英砂。因为石英砂吸收水分后，会潮湿结块，注意操作的时候要仔细小心，不要破坏花朵的状态。

石英砂干花后期维护

1. 选合适的容器插花，容器中可以继续加石英砂，不仅可以稳固花材，还起到一定的干燥作用。

2. 不要直接接触光线，避免褪色和变得发脆。

3. 干花的有效期也就几个月到 1 年左右，过后会褪色、积灰或者花瓣发脆后失去原来的形态，就可以丢弃了。

4. 空气太过潮湿时，空调或电吹风干燥；放冰箱应该也有去除湿度和保鲜的功效，可以试试。

关于石英砂

石英砂的主要成分是二氧化硅，一般在工艺品商店或者淘宝中都能轻松买到，大小颗粒都有，注意用来做干花的是细度非常高的精致石英砂，呈洁白的粉末状。

石英砂是重要的工业矿物原料，我们常见的硅胶干燥剂主要成分也是二氧化硅，它由许多硅分子组成，干燥原理很简单，当水分子碰到硅分子时，水分子会凝固、消失，所以石英砂在工业上也作为干燥剂常用。另外吸湿后的石英砂经过干燥处理，可以循环使用。

石英砂还有一个好处是它耐腐、永不变质，而且不会与其它化学药品起作用，产生其它化学变化。

早安小意达·荷花别样美

图、文／早安园艺

作为花材，花瓣折叠起来的荷花在花艺作品中也会更有表现力。这是小意达刚刚完成的一个荷花花盒，搭配的是莲蓬、夕雾、水仙百合。荷花的粉艳娇柔搭配莲蓬的别致，白、绿色花材的陪衬更带来一丝夏的清凉。粉色的丝带和荷花相互辉映，增加了生动和俏皮。在这酷暑中，送上这个荷花花盒，和大家说声：「早安、小意达」

花市贩卖的荷花一般都是尚未完全成熟的花骨朵，不仅观赏性不佳，而且瓶插水养很难完全开放。

在东南亚等盛产荷花的国家，折叠荷花是非常常见的一种手法，小意达为你分享折叠荷花花瓣的小方法，让家中的荷花绽放出不一样的美好！

折叠荷花通常有平折法和三角形折法两种

平折法

····三角形折法

平折法

去掉最外层的小片花瓣

轻轻拉开一片花瓣，将花瓣向内折叠

整理这片折好的花瓣，花瓣自身的弹性会让折叠后的花瓣保持服贴，折叠的时候尽量保持动作轻柔，不要折出明显的折痕

用同样的方法继续折叠所有的花瓣

一直进行到最内层的花瓣，露出荷花的子房和花蕊

完成

三角形折法

只要把花瓣像这样折出一个三角形即可。

白色的荷花个头略小，但花蕊更大，
用三角形的折法更好看。

　　备注：本文选自"花视觉"系列图书
之《365 天有花相伴》。

　　"花视觉"是中国本土唯一一个花艺
系列丛书品牌，创立于 2015 年 4 月，由
Jojo 主编。

　　"向大众传递花艺的美好"是"花视觉"
出版的初衷！这里有唯美的花艺、动人的故
事，还是国内优秀的新锐花艺师展示自己的
平台……它说的是花艺，传播的是美，和向
往美的人生态度！

香草系生活
白里香烤鸭胸肉

图、文／王梓天

鸭肉相比较鸡肉有意思很多，骨头会比较多，而且鸭肉吃起来的口感会比鸡肉好很多，不会太柴。

鸭屁股上有一个脂肪层，这是个关键部位，如果杀的时候就没有弄好，脂肪层上的油弄到了鸭子身上，那吃起来无论怎么处理鸭肉都是骚的，这也是有的人不喜鸭肉的原因。鸭屁股上这个特别存在的脂肪层，其实大有用处。鸭子是一种水禽，在游泳的时候为了防止身上的羽毛弄湿，于是经常会转过头去，用长长的嘴巴，应该叫成喙，伸到脂肪层里去，出来时上面是带着鸭油的，然后它就会把这鸭油涂抹到容易弄湿的羽毛上，这个道理就和古人造船会刷几层桐油一个道理。我们看到鸭子一类水禽的羽毛都是油光发亮的，不是因为它们喜欢游泳身上毛干净的缘故，问题就在那层油上，不信，你把鸡丢到水里泡一泡捞出来再怎么样毛也不会油光发亮的。但是这层脂肪靠近屁股，气味很大。多数人不喜，但若是碰到爱吃的，却是会上瘾。

南方人爱吃鸭子，夏天丝瓜蛋汤，应该就是要用鸭蛋，而不是鸡蛋，因为中医认为鸭蛋是性凉的，夏季酷暑闷热应该吃鸭蛋。

所需材料

鸭胸肉 2 块
番茄 2 个
四季豆 8 根
沙拉生菜 100 克
橄榄油少许
黄油 20 克

朗姆酒 20 毫升
拌菜专用酿造酱油 1 大勺（约 15 毫升）
蚝油 1 大勺
黑椒汁 1 大勺
胡椒粒少许
高山岩盐少许作调味用

1. 把百里香的叶片逆着枝条捋下来，然后加蚝油和朗姆酒腌渍，别忘了撒上胡椒，然后盖上保鲜膜腌渍时间 4 个小时以上为宜，腌渍完毕方可开始继续。

2. 在锅中放入黄油加热融化。

3. 腌好的鸭胸肉放入锅中，先煎有皮的一面，不时翻一翻，等到表皮金黄时（大约 2~3 分钟）反过来煎。

4. 然后在皮上刷一层蜂蜜，继续煎 2~3 分钟。

5. 此时鸭肉已经差不多有四五分熟，然后放入烤盘，烤箱 200℃提前预热，烘烤时间大约 15 分钟。

6. 烤鸭的同时我们把四季豆放入锅中来煎，煎四季豆的时候只需要少量的油就可以了，时间不用太长，2 分钟足够。

7. 在操作的时候可以放一个定时器，这样判断时间更容易。

8. 然后煎番茄，煎番茄可以用多一点油，黄油会令番茄带上特殊的香味。

9. 沙拉菜切碎后倒入酿造酱油。

10. 不要忘记倒入橄榄油，橄榄油的特殊香气会为沙拉添色不少。

11. 利用 15 分钟做好这些后，烤箱中的鸭胸肉基本上也可以取出来了。

12. 接下来就是装盘的事了，喜欢黑椒汁不妨加一点。

做好这一切方可享用美味，鸭肉本身比较有个性，但是加入了百里香却产生奇妙的化学反应，气味变得柔和还带有一丝丝的奶油味，配合番茄和四季豆一起吃健康也美味。

列 浓天淡久：植·物系

——植物与器物的对话

图、文／锈孩子

植：长柄葫芦，朋友自种。

物：女巫陶瓷摆件，网淘外贸处理品。

作者简介

锈孩子，70后，现居江苏常州。野性花园缔造者，生态调查、自然教育志愿者。没入自然深处码字按快门的人。

生于1970年代早期，秦巴山区部队大院。早年生活，物质匮乏，自然丰饶，幼时的口袋，被小果实、蜗牛壳、碎矿石撑满，花鸟虫鱼都算小闺蜜。小女孩，自是格外青睐妩媚花草。对植物园艺的热爱，萌生于此时，延展至一生。当时漂亮糖纸、刻花瓦片、铁饼干桶，都入收集之列，在寻常器物中探奇寻宝，也成终生大爱。

打小临近春节，常被家母要求帮忙完成特殊家务：捡带刺的小树枝，以白胖爆米花插刺端，中间点红，伪装梅花，插瓶，瓶子多为酱油瓶、冰糖橘子罐头玻璃瓶、轻微破损瓷茶壶，做点缀节庆的家饰。在气氛肃杀美景稀疏的年代，我借由诸如此类的家庭濡染，完成了最简陋的审美训练。

渐入中年深处，发觉家无长物，"垃圾"扎堆。鄙物自珍，加之身为没有明确故乡之人，和客家血统，永远有异乡异客的漂浮感，便将自己的生命分解至生活随遇的每一卑小生命、家常物件，而多次迁家，若被多次打劫，总有心头爱遗失或损毁，如斩断一条条固定我的根脉。

遂生拍"私物档案"之念。以影像存留左右身边的平凡杂货。将植物与器物信手混搭，彼此对话，抽离背景，仅存廓形肌理。侘寂。禅定。正呼应我当下的状态：清简自处，清静自性。是为《浓夭淡久：植·物系列》

《浓夭淡久：植·物系列》——植物与器物的对话

植：老鸦柿，捡自常州溧阳山区，被人砍下的枯枝。

物：铁艺烛台。网淘外贸残次品。

植：松果，发小的德国同事捡于阿尔卑斯山赠与她，再转赠与我。

物：陶瓷外贸处理品。网淘。

植：野茼蒿。广布于常州郊野。

物：布娃娃。八岁时手工。

植： 自种菊花，枯后采收。

物： 热水瓶竹壳。常州人家搬迁弃物。

植： 乌桕果，捡于家边。

物： 植物化石，捡于南京六合，建京沪高铁开山所弃之石。

植： 橡果壳、绣球藤种子。捡自常州溧阳山间。

物： 绕线轴，常州古玩店主赠，本地民间家常旧物。

植： 玉蝴蝶果实。参与海南绯胸鹦鹉调查时，挖土岭黎族向导符师傅家门口采摘赠予。

物： 仿真微型鸟巢及蛋，女儿臭臭捡。

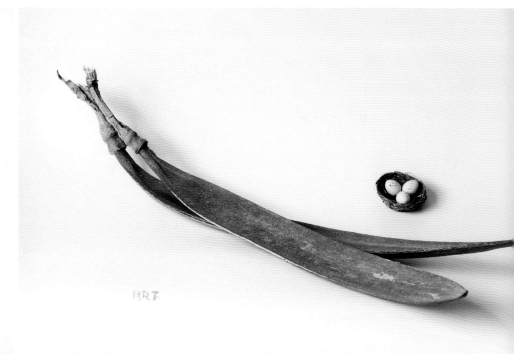

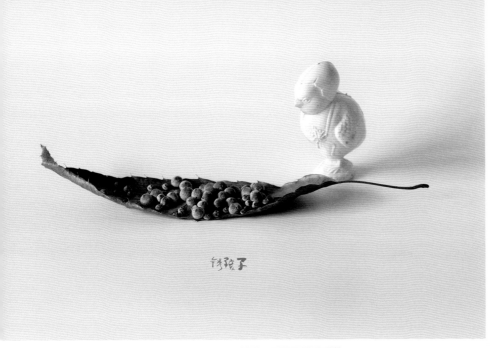

▲

植： 缀满虫瘿的落叶，捡于家门口。

物： 黏性胶体赛璐珞小鸡仔玩具，
美国二手，1920 年代生产。

◀

植： 杉树果，家边捡。

物： 陶罐，购于云南地摊。

▲

植： 柿树花后脱落的萼片。捡于常州
荆川公园。

物： 大蒜头陶器摆件。

◀

植： 莲蓬，捡自常州荷园。

物： 面点木模子，家母取自山东老家，
20 世纪 60 年代初使用至今。

意大利米兰花园之旅 那些仙境般的花园

图、文／Sofia

风和日丽的日子，漫步杜鹃树林下，在身上的是杜鹃的花影，悄然落下的是杜鹃的落英，那样的感觉，实在妙不可言。走在满地都是杜鹃花瓣铺成的「地毯」上，还可以看见科莫湖的旖旎湖山。其实更想什么时候能够到祖国西南山区去拜访春天，欣赏雪山与冰川之下怒放的杜鹃花，是我的行走梦想之一。

作者简介

Sofia 广西桂林人，旅居欧洲近二十年。美国国家地理网站"每周一图"的业余摄影师；业余画家；业余作家，在近百本杂志发表过文章。新浪名博、微博签约自媒体、微博旅行玩家。

五月的意北正是春意盎然，您不妨借机来个春游，拜访一下米兰附近那些如梦如幻的美丽花园。

科莫湖畔的卡洛塔别墅的杜鹃花

卡洛塔别墅（VILLACARLOTTA）位于米兰北部的科莫湖上的TREMEZZO小镇，是个始建于17世纪的古典庄园。别墅的建筑优雅华丽，内藏许多珍贵的油画和雕塑。但每逢春季，占地8公顷（约八个足球场大小）的花园才是这里的主角。

卡洛塔别墅的花园依山而建，是典型的意大利台地式园林。花园里植被种类很多，但最让人目瞪口呆的是园内的几十种杜鹃，它们中高的有三层楼高，矮的匍匐在地面，大的一朵比拳头还大，小的如拇指指甲大小，色彩上红橙黄粉白紫变化无穷。每年4月中到5月中旬这些杜鹃沿着花园曲折幽静的花径竞相开放，铺天盖地，令人目不暇接。

在欧洲各地姹紫嫣红的春色里，杜鹃花是一个常见而又引人注目的角色。大大小小的私家庭院里都有它们浓艳俏丽的身影，街头公共花坛里也能看到它们

实用攻略：米兰三个最主要的火车站都有车到科莫，快而贵或者慢而廉随君自选，最短车程半小时，最长一个多小时。下车到前往科莫市中心的卡沃尔广场（PIAZZA CAVOUR），乘船到TREMEZZO或者CADENABBIA，花园的入口在这两个小镇之间的大路边，依山傍湖，很容易找到。成人门票9欧元，包括花园和宫殿。

热热闹闹地绽放，各大著名的花园就不用说了，有人说在欧洲任何一个植物园里如果没有杜鹃花，就不能称之为名园，也很难引人注意。十几年前，当我第一次走进科莫湖边的卡洛塔别墅那片杜鹃花海的时候，我真的被那铺天盖地无处不在的杜鹃惊呆了，从匍匐在地到连绵成花墙一直到夹道的参天大树，一百多种杜鹃花，说不清有多少种颜色，多少种姿态，只觉得天上地下无处不是杜鹃的灿烂云霞，直让人有如入幻境的感觉。

相对庭院里精心修剪过的杜鹃，我更爱这样恣意丛生的杜鹃，她们身上依

稀留存着祖先在横断山和喜马拉雅山谷里自由活泼奔放的影子。尤其是那些大树杜鹃。昂然参天的姿态、苍劲的枝干，和浓艳妩媚的花朵刚柔相济，形成惊心动魄的对比。风和日丽的日子，漫步杜鹃树林下，洒在身上的是杜鹃的花影，悄然落下的是杜鹃的落英，那样的感觉，实在妙不可言。花开到中后期，人从树下过，不断有大朵的红花簌簌地落在你头上，梦幻极了。其实即使只赶上个谢幕，那场景也壮观得让人感动，满地都是花瓣铺成的"地毯"，走在那"花毯"上，还可以看见科莫湖的旖旎湖山。

马焦雷湖上的"妈妈岛"

妈妈岛（ISOLA MADRE）是米兰西北方向的马焦雷湖（LAGO MAGGIORE）上一个岛屿。从前是米兰银行家BORROMEO家族的私人财产。当年土豪家族买下了湖上五个岛屿，在上面盖房子，修花园，砸了大把金子打造成私家水上梦幻秘境，其中面积最大的妈妈岛以充满梦幻色彩的花园著称。1845年造访过这里的法国作家福楼拜说："妈妈岛是我所见过的全世界最性感的地方"。

妈妈岛的植被品种繁多，茶花、玉兰、杜鹃、紫藤……从初春到盛夏一直有不同品种的花在盛开，而且规模都很壮观。

不过最让人怀疑自己是否是在做梦的是当你漫步在花丛中不时会遇见的各种银鸡、锦鸡，还有孔雀，它们悠悠然大摇大摆走在花丛中，俨然是小岛的主人。兴致来了，孔雀还会开个屏逗你高兴一下，没兴致了，人家懒洋洋趴在花影下打瞌睡，那样子萌得要死。

MC EACHARN船长是苏格兰人，生前拥有一个大型船公司并在澳大利亚拥有铁矿煤矿和大量不动产。 1930年，他在意大利马焦雷湖（LAGO MAGGIORE)边购买了一座庄园别墅。英国人都爱花，船长决心把这个意大利庄园改造成英式花园的样本，以寄托他对故乡苏格兰的思念。如今，这座面朝雪山碧湖的叫做Villa Taranto花园已经是马焦雷湖边最美丽的花园之一。

这就是传说中的鸽子树，中国特有的珍贵树种，与水杉、银杏一样是植物中的活化石。VILLA TARNATO 的这棵鸽子树整个树冠覆盖的面积有五六十个平方米。站在它的树荫里抬头看，一阵风吹过，那些白色的苞片随风飘动，真的像展翅的鸽子。看了一下介绍，这棵树是 1936 年移植到这里的，不知道它来这里的时候有多大了？

这位船长说："一个美丽的花园无需很大，但它必须是你梦想的实现，哪怕它只是几个平方米并且只是在一个露台上"（A beautiful garden does not need to be big, but it should be therealization of one's dream, even though it is only a couple of square metres large and it is situated on a balcony）。船长用多年时间在马焦雷湖畔把自己的梦想变成了现实，并且把这个活着的梦境留给了后人，这个梦不仅在年年春风吹来时绽放在马焦雷湖畔，它还可以不分季节地绽放在那些曾经陶醉于这个梦境的人们的心里。

不过，MC EACHARN 的这个梦境却很大很大，塔兰托别墅里的花园分好几块，有英式的，法式的，意大利式的，植被品种也极其丰富，还拥有许多世界各地的珍贵植物，比如中国的国家一级重点保护野生植物鸽子树。

实用攻略： 米兰中心火车站或者米兰 GARIBALDI 火车站都有到 VERBANIA-PALLANZA 的火车，时间为 1 小时 15 分钟或者 1 小时 37 分钟。虽然这个站算 PALLANZA 的火车站，但距离镇子中心，从火车站乘公交车可到镇中心。花园门票价格为成人 10 欧元。

三姑娘的四姑娘山游记

——四姑娘山的野花之旅（下）

图、文 / @ 药草花园

在这样一个满眼碧绿的山谷里，四位姑娘完完全全地展露在我们面前，
头顶蓝天，腰系白雪，脚下是无穷无尽的花海。

花海子远眺

尖被百合

雪山

　　海子是一个正经的高山湖泊，而花海子则更接近于河流泛溢出的一片高原湿地。当我们从营地前往冰川U谷山路上俯瞰下去，小水塘一个接着一个，串成一串珍珠般的水链。因为水，草长得格外茂盛，一片片黄色的毛茛，紫红色的海仙报春，金色的矮金莲花，当然也少不了交杂其中的亭亭玉立的锡金报春。山崖上草丛中竟赫然出现了一朵、两朵、三朵鹅黄色鼓鼓椭圆像个倒挂的小灯笼，原来是我们朝思暮想的尖被百合！从山上冰川中流淌而下的数条小河

在花海子汇集成沼泽，最终在大海子汇合成为一片高山湖。我们今天的行程就是反溯其中一条小河的河谷，沿着冰川U形谷，上溯到四峰脚下冰川处。沿着山谷爬升，沿途灌丛林立，时而簇簇兰花，时而点点报春。又埋头步行约30分钟，花渐多，路渐宽，河流声渐响。猛一抬头，眼前豁然开朗，一片仙境般的草地出现在我们面前。而远处，一排雪山连峰起伏，仿佛一朵巨大的白莲花，绽开在蓝天之下。

　　在这样一个满眼碧绿的山谷里，四

位姑娘完完全全地展露在我们面前，头顶蓝天，腰系白雪，脚下是无穷无尽的花海。

　　今天我们三位姑娘要徒步传说中的龙眼路线的一段，也就是走到犀牛海再掉头回营地。出营地后可以看到，这条沟和昨天我们去的冰川U谷呈30℃斜开，所以从这条沟里就看不到漂亮的雪山了。

　　不过这条沟似乎特别潮湿，昨天就看到它一直在云雾笼罩中，在高原上，水是生命之源，所以，这里格外的水草茂密，繁花似锦。锡金报春疯狂的成群

大片的报春

作者简介

@药草花园，本名周百黎，家住上海，喜欢香草，玫瑰，宿根和所有的花花草草。喜欢越过高山大海去看各种原生植物，也喜欢在人山人海里分享种花种草的经历。

岩须

美花铁线莲

落分布，经常看到一个山头都被染得黄黄的。

当然也有些格外稀罕的，我也是平生初见：雪灵芝、重瓣的金莲花、毛金腰、鸦拓花、独一味……

翻过那一直在眼前的之字路，我们再次看到了一山谷黄澄澄的花。

这一座山谷，并非报春山谷，而是一山谷的全缘叶绿绒蒿，山坡上一丛丛、一株株，有的在含苞，有的在怒放，有的则在淡定的凋零中孕育出丰满的果实。

我们不禁惊叹，真是梦中也梦不到的情形竟让我们遇见了！

穿过开满绿绒蒿的梦幻山谷就看见了一泓碧水。这就是犀牛海。

犀牛海为群山环抱，四周是嶙峋乱石，和生机勃勃的大海子不同，这里宁静得有些怕人，迷雾蒙蒙中连鸟叫也听不到一声，恍然进入了一个异次元世界。

犀牛海四周虽然寂静，花却不少。我们在这里找到了一大片杜鹃科的岩须。岩须很像蓝莓的花，但是更多更密，配上多肉植物般的枝叶，让人可以联想到它生活环境的恶劣。

在犀牛海最大的发现就是这种前所未有的绿绒蒿——多刺绿绒蒿。这种纯正饱满的蓝色，是真正的喜马拉雅罂粟的蓝色。

可惜这里海拔高，花期晚，大部分多刺绿绒蒿都还怀抱一咕嘟一咕嘟刺果的花骨朵，全开的，找遍全山，只见此一朵。

另外一个发现也是蓝紫色的——紫花雪山报春。

随着云雾升起，湖上一阵风刮来，刺骨的寒意似乎在催促我们离去。为了不打扰它的神秘和静谧，拍了几张照片后，我们就乖乖地听从了李老师的建议，离开了这个遗世独立的高山湖泊。

从清晨开始的淅淅沥沥的雨，好像在依依不舍地挽留我们，让我们的出发时间从7点推迟到9点。撤营的时候，发现那棵被我罩在帐篷里的小报春已经开始凋谢，而我们刚来时还在含苞欲放的甘青铁线莲现在恰是繁花盛开。高原

苞叶雪莲

寂静的犀牛海

紫花雪山报春

甘青铁线莲

角蒿

上的植物，生命竟是如此短暂。甘青铁线莲，叶子纤细羽裂，花朵圆滚滚，胖嘟嘟，好像一个个质感十足的金色小铃铛，非常有童话色彩。

三天的露营时光，转瞬即逝。在轻烟雨雾中，海子沟梦幻般美丽。而脚下的道路，却是噩梦般恼人。因为刚下过雨，森林里长出了很多五色的蘑菇，李老师被我们几个吃货一直问，能不能吃？能不能吃？问得晕了，回答，一律不能吃。

过保护站后，天气渐晴朗，我们的脚步也轻快起来。上朝山坪，天地开阔。从朝山坪上，可以清晰看到整个巴郎山区，重峦叠嶂，绵绵起伏。

到下午3点，我们终于下到沟口，

整整6个小时。一座木制的栈桥，是正在修建的大门，走出来，四姑娘就在身后了。

下山第一件事，自然是用美好的川菜慰劳一下自己。联系了住所附近的竹笋鸡，我们轻装便鞋，去附近公路上逛逛。日隆镇的建筑都是漂亮的小藏楼，家家户户多少有点儿花草，其中更有爱花之人，种的花品种很丰富，草花、多肉、球根等。路边看到的小黄花，认出是罂粟科，看起来有点白屈菜的风格。它的名字很丑，叫做秃疮花。而沿着公路，一片片柔美的淡粉色，是角蒿。正在花期，开得肆无忌惮。远闻到一股芳香，循香而去，看到素白的野蔷薇。还有一个肆

无忌惮的，是盘柄铁线莲，铺天盖地的开，挂满一个个山崖。

最后压轴好戏是一个非常美貌的唐松草。来的路上就看到车窗外闪过它粉红蓬松的身影，当时没敢叫司机停车，这次可在路边叫我们逮个正着。晚7点，本次旅行的压轴大戏登场：竹笋鸡。看这一锅浓烈香艳，四姑娘山所有美好的点点滴滴，雪山、冰川、绿绒蒿、百合、报春花海，仿佛全部都氤氲在这一锅悲壮的浓烈火热里。除了脚印，什么都不要留下，除了回忆，什么都不要带走。就让我们把这些美好的回忆，装进内存，装进头脑，当然，最重要的，装进我们的肠胃，全部带走。

偏翅唐松草

雪灵芝

欢迎光临花园时光系列书店

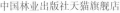